KB094495

확률로 유전의 비밀을 풀어라!

확률로 유전의 비밀을 풀어라!

글 강호진 | 그림 최은영

|주|자음과모음

차 례

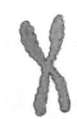

이 세상의 수많은 사람들 중에서 여러분과 똑같은 사람은 오직 여러분 자신뿐입니다. 누구와도 같지 않은 오직 나 자신으로 자라는 것은 바로 유전자 때문입니다. 유전자는 부모님에게 물려받은 유전 물질을 말해요. 지금 이 시각에도 여러분은 유전자에 기록된 대로 자라고 있습니다. 그런데 유전자가 전해질 때는 몇 가지 법칙을 따릅니다. 이때 경우의 수와 확률이라는 수학 개념을 알면 유전자가 전해지는 법칙을 좀 더 쉽게 이해할 수 있어요.

우리는 이 책에서 확률을 통해 유전 법칙을 알아볼 겁니다. 확률이란 어떤 일이 일어날 가능성의 정도를 말해요. 이 책의 주인공인 유정이와 종아는 유전자의 역할과 특징은 물론이고 유전자 돌연변이나 유전자 재조합 같은 특수한 내용도 살펴봅니다. 유전 법칙을 파헤칠 때마다 경우의 수와 확률을 알차게 활용하지요. 가능성을 따진 다음에 경우의 수를 세고 그 일이 일어날 확률을 구합니다. 어려울 것 같다고요? 곱셈과 분수, 이 두 가지만 알면 자연스럽게 이해할 수 있으니 걱정은 내려놓으세요.

이곳은 예전에 학생들을 가르쳤던 시골의 작은 학교입니다. 이곳을 떠올리며 책 속 이야기의 배경을 작은 섬마을로 정했어요. 학교 주변에 온통 논과 밭, 그리고 산과 들뿐이어서 제자들과 자주 바깥으로  나가 자연을 관찰하곤 했습니다. 이번에는 여러분이 푸르른 섬마을로 여행을 떠나 보는 것은 어떨까요? 함께 식물을 관찰하고 유전자에 대해서도 알아보는 거예요. 확률을 따지다 보면 과학 지식과 함께 수학 실력도 쌓일 겁니다. 확률과 유전의 비밀을 밝혀 줄 여러분을 물 맑고 공기 좋은 지인도로 초대합니다.

강호진

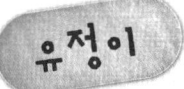

등장인물

유정이

섬마을로 전학 온 도시 소녀.

곱셈, 분수 같은 수학 개념에는 누구보다 자신 있다. 쌍꺼풀진 눈이 쌀쌀맞아 보이지만 실은 마음이 여리고 생각이 깊다. 종아와 캡모자 쌤, 쌍둥이 형제를 만나 크고 작은 사건을 겪으며 동식물의 유전에 대해 알아 간다. 낯선 섬마을에 점점 정이 붙는다.

종아

유정이와 동갑내기인 섬마을 토박이.

식물의 종류에 대해 많이 알고 자연과 생물에 관심이 많다. 호기심이 많고 매사에 적극적이다. 대화하는 걸 좋아하다 보니 쓸데없이 잘난 척하거나 참견하는 일도 있다. 가수가 되고 싶지만 작은 키와 쌍꺼풀 없는 눈이 고민거리다.

캡모자 쌤

지인도에 전근 온 ·········
괴짜 담임 선생님.

낡은 모자를 눌러쓰고 성큼성큼 걸어다닌다.
생물의 유전 법칙에 대해 해박한 지식을 갖
고 있어서 아이들에게 알기 쉽게 설명해 준
다. 남모를 고민을 품고 학교 뒤 천막에
고민 상담소를 마련한다.

석이, 혁이

장난꾸러기 일란성 쌍둥이 형제.

얼굴이 꼭 닮은 데다 늘 비슷한 옷을 입어서 언뜻 보면
누가 누군지 구분이 되지 않을 정도다. 날카로운 혁이의
지적과 통통 튀는 석이의 아이디어가 만나, 문제의
실마리가 재미있게 풀린다.

프롤로그

섬마을로 들어오다

"네? 또 전학이라고요?"

엄마의 말을 듣고 나는 벌떡 일어났다.

"엄마, 저 여기 전학 온 지 세 달밖에 안 됐어요."

또다시 전학을 가야 한다는 말에 나도 모르게 목소리가 커졌다. 엄마가 미안한 표정으로 나를 달랬다.

"미안해, 유정아. 그래서 많이 고민했는데 이번에 아빠가 하시는 연구 때문에 어쩔 수 없게 됐어. 이해해 줄 수 있지? 너, 새로운 친구들 잘 사귀잖아. 응?"

'새로운 친구를 사귀는 게 쉬운 일인 줄 아신다니까. 정말 너무해……'

나는 하고 싶은 말이 많았지만 속으로 삼켰다.

"휴. 이번에는 어디로 가는데요?"

"지인도라고 아니?"

엄마가 눈을 반짝이며 물었다.

아, 전학가기 싫은데….

"지인도요? 들어 본 적 없는데. 잠깐, 지인도……라면 설마 섬이에요?"

제주도, 독도처럼 '도'로 끝나는 곳은 대부분 섬이라는 게 떠올랐다.

"맞아. 물 맑고 공기 좋은 섬이라더라. 아마 거기서 6개월 정도 머물 거야."

엄마는 내 맘도 모르고 빙그레 웃었다. 나는 친구들과 헤어지는 것도 싫었지만 섬으로 간다는 것도 썩 내키지 않았다. 하지만 내 바람과 상관없이 한 달 뒤 나는 엄마와 함께 지인도로 향해야 했다.

"섬에 들어가는 사람이 많지 않아서 정기적으로 운항하는 배가 없대."

"그럼 어떻게 들어가요?"

"조금만 기다리면 지인도 이장님이 작은 배를 몰고 오실 거야."

나는 실감이 나지 않아서 멍하니 서 있었다. 잠시 후에 부두에 작은 통통배가 들어왔다.

"안녕하세요."

대체
언제까지
가는 거지?

나는 배에서 내리는 아저씨에게 인사를 했다. 검고 주름진 얼굴에 몸집이 통통했다. 아마 엄마가 말한 이장님일 것이다. 엄마도 인사를 했지만 이장님은 고개만 살짝 끄덕일 뿐이었다. 이장님은 말없

확률로 유전의 비밀을 풀어라!

이 우리 짐을 받아 들고 배에 올라갔다.

'쳇, 인사도 받아 주지 않다니.'

엄마와 내가 올라타자 통통배가 시끄러운 소리를 내며 출발했다. 나는 우리가 살게 될 마을이 궁금해서 바다 위를 두리번거렸다. 하지만 이장님은 내내 한마디도 하지 않았다. 두 시간쯤 계속 흔들리는 배를 타고 있자니 속이 울렁거리기 시작했다.

'아, 지루하니까 배멀미가 더하네. 이장님은 우리가 가는 곳에 대해 설명이라도 해 주실 수 있는 거 아냐? 정말 무뚝뚝하시네.'

나는 섬으로 전학 가는 것부터 시작해서 무뚝뚝한 이장님까지 전부 맘에 들지 않았다. 오는 내내 멀미까지 했으니 지인도라는 섬이 맘에 들 리가 없었다. 30분이 더 흐르고, 드디어 배가 작은 섬의 부두에 닿았다.

"자, 따라와요."

이장님은 배에서 내려 그 말만 던지고 앞장섰다. 우리가 머물 집을 알고 있는 모양이었다. 엄마와 나는 서둘러 이장님 뒤를 따랐다. 마을 길을 따라 걷다 보니 띄엄띄엄 작은 집들이 보였다. 길 옆에는 풀이 무성했다. 엄마 말처럼 공기가 훨씬 맑은 것 같았다. 하지만 마을이 화사하지는 않았다. 집들이 대부분 어두컴컴한 무채색이었다.

"엄마, 여기 집들 좀 보세요. 죄다 회색이에요."

자꾸 따라오네.

　　　　　　　　　"정말 그렇네. 밝은 색으
　　　　　　　로 페인트칠하면 훨씬 예쁠 텐데."

　엄마도 주변을 둘러보며 말했다. 하지만 이장님은 빠른 걸음으로 묵묵히 걷기만 했다. 엄마와 나는 섬의 풍경을 살피랴 이장님을 따라가랴 정신이 없었다. 그런데 문득 우리를 좇는 시선이 느껴졌다. 뒤돌아보자 누군가 회색 담벼락 뒤로 재빨리 몸을 숨겼다. 몸집이 작은 꼬마 같았다.

　'누구지? 가서 말을 걸어 볼까?'

　"유정아, 뭐 해? 어서 와."

　"네, 가요."

　내가 망설이다가 엄마를 따라가자 그 아이도 다시 우리를 따라왔다. 아이는 내가 돌아볼 때마다 재빨리 몸을 숨겼다.

'내가 모른 척하면 안 따라오겠지.'

나는 뒤돌아보지 않고 빠르게 발을 놀렸다. 그러자 곧 인기척이 사라졌다. 좀 더 걸어가니 오르막길 끝에 작은 집 한 채가 보였다. 이장님이 그 앞에서 걸음을 멈췄다.

"다 왔어요. 며칠 동안 치운다고 치웠는데 깨끗할지 모르겠네요. 제일 가까이 있는 석이네 집 식구들에게 미리 말을 해 뒀으니 필요한 게 있으면 편하게 말씀하세요. 언덕에 있는 우리 집에 찾아오셔도 되고요. 이래 봬도 꽤 살기 좋은 마을입니다."

이장님이 처음으로 길게 말했다. 여전히 무뚝뚝한 말투였지만 조금은 따뜻하게 들렸다.

"감사합니다, 이장님."

이장님이 고개를 끄덕이며 언덕길로 향했다. 그때 우리 집 담벼락 뒤에서 웬 꼬마 아이가 얼굴을 쏙 내밀었다.

"안녕하세요."

나는 깜짝 놀랐는데 아이는 생글생글 웃고 있었다. 아무래도 우리를 뒤쫓아 오던 그 아이 같았다.

"안녕. 이름이 뭐니? 혹시 옆집에 산다는……."

"석이예요!"

석이가 엄마를 보고 힘차게 대답했다.

"아까 계속 따라오던 게 너였니?"

이번에는 내가 물었다. 그러자 석이가 고개를 갸웃거렸다. 잘 모르겠다는 표정이었다.

"너 아까 우리 뒤를 따라오다가 담장 뒤에 숨는 거 봤어. 그런데 어떻게 우리보다 빨리 집에 도착했어?"

내가 다시 묻자 석이의 얼굴에 미소가 되살아났다.

크크.
날 봤다고?

"궁금해? 그게 다 방법이 있지."

석이는 엉뚱한 대답을 하면서 키득키득 웃었다. 나는 석이가 나를 놀리는 것 같아 조금 얄미웠다.

"오자마자 친구가 생겼네. 석이하고 얘기하고 있어. 엄마는 먼저 들어가서 짐 정리하고 있을게."

엄마가 석이의 머리를 쓰다듬고 먼저 집으로 들어갔다. 내가 멀뚱히 서 있자 석이가 먼저 내게 말을 걸었다.

"너, 몇 살이야?"

나는 나보다 키 작은 석이가 반말을 하는 게 우습기도 하고 귀엽기도 했다.

"열두 살. 그러는 너는?"

"열한 살."

석이가 작은 목소리로 말했다.

"내가 한 살 많으니까 누나라고 불러."

내가 의기양양하게 말했다. 석이가 어깨를 한 번 으쓱하고 고개를 끄덕였다.

"알았어. 그런데 열두 살이면 종아 누나하고 나이가 똑같네."

"종아가 누군데?"

"같은 반 누나야. 여기는 학생이 별로 없어서 모든 학년이 한 반이야. 아, 종아 누나는 열두 살인데 나보다 키가 작아. 크크크."

석이는 재미있다는 듯 키득키득 웃었다. 그러다가 갑자기 뭔가 생각난 듯 내 팔을 끌어당겼다.

"내가 우리 마을 구경시켜 줄게. 따라와."

나는 석이 손에 이끌려 마을 길을 따라 걸었다. 석이는 마을 구석구석의 작은 골목까지 잘 알고 있었다. 역시나 담벼락이 대부분 회색이었다.

'에이, 집을 좀 예쁜 색으로 칠해 놓지, 이게 뭐야? 귀신 나올 것 같아.'

"그런데 누나는 왜 여기로 이사 왔어?"

석이가 눈을 동그랗게 뜨고 물었다.

담벼락이 죄다
회색이네.

"우리는 아빠 연구 때문에 자주 이사를 다녔어. 연구소를 옮겨 가시는 경우가 많거든. 아, 우리 아빠는 식물에서부터 사람까지 생명과 관계되는 일이라면 모두 연구하셔. 그걸 생명 과학이라고 한대. 아무튼 이번에는 바다 미생물을 연구하러 이 근처 무인도로 가셨어. 그래서 엄마랑 나는 아빠가 계신 무인도와 가까운 여기, 지인도에 머물게 됐지."

나는 석이에게 자주 전학을 다녀야 하는 이유를 애기해 주었다.

"그렇구나. 그럼 언젠가 또 다른 곳으로 이사 가는 거야?"

석이가 작은 목소리로 물었다.

"아마도. 여기서는 한 6개월 정도 있을 것 같아. 사실 나는 섬마을에 오기 싫었어. 너무 조용하고 답답할 것 같아서. 안 그렇니?"

"바다랑 산에 놀 거리가 많아서 전혀 답답하지 않아. 하지만 여기는 아이들이 많지 않아서 늘 심심해."

섬마을에 오기 싫었다는 나의 말에 석이의 표정이 시무룩해졌다. 나는 조금 미안한 마음이 들었다.

"음…… 여기 있는 동안 같이 재밌게 놀자. 다른 친구들도 소개해 줘."

"그래. 그리고 내일 서울에서 새로운 담임 선생님도 오신다고 했어. 우리 학교에 서울 사람이 둘이나 오다니 신나. 헤헤."

내 말에 석이의 표정이 금세 풀렸다. 활짝 웃는 모습을 보니 내 기분도 좋아졌다.

"그런데 조금 배고프다."

"나도."

배를 타고 오느라 점심을 거른 터에 석이도 출출하다고 하니 군것질 생각이 났다.

"석아, 우리 아이스크림 같은 거 먹을래? 너를 만난 기념으로 사 줄게."

나는 주변을 둘러봤다.

"편의점 어디 있어?"

그러자 석이가 다시 씨익 웃었다.

"아직 모르는구나. 우리 섬에서는 아이스크림을 자주 먹을 수 없어. 구멍가게가 있긴 한데 물건이 자주 들어오지 않거든."

'뭐? 아이스크림도 구할 수 없다고? 무슨 이런 시골이 다 있어?'

석이가 서운해할까 봐 마음속 생각을 입 밖에 내놓지는 않았다. 하지만 앞으로 이런 곳에서 살아야 한다니 마음이 답답해졌다.

휴, 정말 시골이구나.

"그, 그래. 그럼 나중에 가게에 아이스크림이 들어오면 같이 먹자. 나는 들어가 볼게."

석이와 헤어지고 집으로 돌아오니 마루에 계시던 엄마가 나를 반겼다.

"다녀왔니? 이제 당분간 여기가 우리 집이야. 들어와 봐. 아담하고 깨끗해."

엄마는 짐을 거의 다 정리하고 마루에 앉아 쉬는 중이었다. 하지만 나는 아직 여기가 우리 집 같지 않았다. 도시와 달리 사방이 어둡고 조용했다. 멀리 파도치는 소리와 풀벌레 소리가 들렸다. 방문을 열고 들어가 보니 좁은 방에 TV와 옷장만 놓여 있었다. 우리 짐을 다 놓기에는 방이 너무 좁았다.

"엄마, 여기는 좁고 조용하고, 많이 낯설어요."

확률로 유전의 비밀을 풀어라!

"그렇니? 엄마는 도시보다 훨씬 좋은데."

나는 입을 삐죽이며 TV를 켰다. 하지만 고장 났는지 지지직거리기만 했다.

"TV도 안 나와요?"

"안테나를 달아야 TV가 나온대. 아빠가 다음에 들어오실 때 아마 사 가지고 오실 거야."

엄마가 남은 물건들을 정리하면서 말했다. 나는 기운이 쭉 빠졌다. 편의점도 없고 TV도 잘 안 나오는 이곳에서 살 생각을 하니 절로 한숨이 나왔다.

'어휴, 이런 곳에서 어떻게 산담?'

나는 다시 마루로 나가 무릎을 감싸 쥐고 생각에 잠겼다.

여기서
어떻게 살지?

1 유전자는 설계도

오늘은 등교하는 첫날이다. 엄마가 그려 준 약도를 따라 가 아담한 운동장에 도착했다. 하지만 1층짜리 건물은 작게만 보였다. 학교라는 생각이 들지 않을 정도였다. 슬며시 교문을 밀자 철문에 슨 녹이 손에 묻어났다. 건물 외벽은 군데군데 페인트가 벗겨져 있고 울타리 근처에는 이름 모를 잡초가 무성했다.

'학교가 너무 허름하다……'

나는 조심스럽게 건물 안으로 들어섰다. 걸을 때마다 낡은 마루 복도가 삐그덕거렸다. 복도 중간쯤에 5학년 교실이 있었다. 석이 말대로 모든 학년이 한 교실을 써서인지 다른 학년을 나타내는 팻말은 없었다. 주변에선 아무 소리도 들리지 않았다.

'내가 제일 먼저 도착했나 봐.'

나는 교실 앞문을 밀고 고개를 안쪽으로 들이밀었다.

'툭!'

그 순간 내 머리 위로 뭔가 떨어졌다. 흰 분필 가루를 묻힌 분필 지우개였다. 엄마가 처음 등교한다고 예쁘게 빗어 준 머리가 분필 가루로 엉망이 되었다.

"앗, 이게 뭐야!"

"히히히. 누나, 머리에 밀가루 묻은 것 같다."

고개를 돌리니 석이가 웃고 있었다.

"너 혼날 줄 알아!"

나는 석이를 향해 버럭 소리쳤다. 그러나 내가 몇 발자국 떼기도 전에 석이는 이미 복도를 빠져나가 학교 교문 쪽으로 도망가고 있었다.

"거기 안 서?"

나는 석이를 쫓아가느라 숨이 턱까지 찼다. 석이는 어느새 학교 밖

헤헤.
나 잡아 봐라.

으로 나가 언덕을 뛰어 올라갔다. 나는 붙잡는 걸 포기하고 교실로 돌아왔다. 그런데 내 눈앞에 황당한 일이 일어났다. 석이가 교실 책상에 앉아 태연하게 책을 읽고 있는 것이었다.

"뭐야, 너? 어떻게 된 거야?"

나는 깜짝 놀라서 외쳤다.

"내가 뭘?"

석이는 꼭 나를 모르는 사람처럼 말했다.

"모른 척하면 내가 그냥 넘어갈 것 같아? 네가 분필 지우개로 장난치는 바람에 내 머리가 엉망이 됐잖아. 근데 너 진짜 빠르다. 어떻게 벌써 들어왔어? 숨도 안 차?"

내가 따지듯이 물었다. 하지만 석이는 여전히 태연한 표정으로 대답했다.

"내가? 난 교실에 들어오자마자 책을 읽고 있었는데."

석이의 대답이 너무 자연스러워서 나는 더 따질 수가 없었다. 영문을 모른 채 서 있는데 누군가 내 등을 톡톡 건드렸다. 석이가 볼이 빨개져서 숨을 헐떡이고 있었다.

"누나, 나 왔어."

"뭐야? 어떻게 된 거야?"

나는 깜짝 놀라서 달려온 석이를 바라봤다. 그제야 교실에 있던 석이도 나를 보고 미소 지었다.

"아, 너희들 쌍둥이였어?"

나는 놀란 토끼 눈이 되어 똑같이 생긴 두 석이를 번갈아 바라봤다. 두 명의 석이가 고개를 끄덕이며 깔깔 웃어 댔다.

확률로 유전의 비밀을 풀어라!

"크하하. 어때? 감쪽같이 속았지?"

"내 계획도 좋았지만 너도 연기 잘했어."

똑같이 생긴 두 명의 석이가 신나서 말했다. 나는 처음에 섬에 들어 왔을 때 뒤따라오던 꼬마가 생각났다.

"그럼 어제 나를 졸졸 따라오다가 우리 집에 먼저 들어가 있던 것도……?"

"응. 내가 쫓아가다가 숨었고, 석이는 미리 집 앞에 가 있었지. 장난처서 미안해."

교실에 있던 석이가 말했다. 나는 머리가 혼란스러웠다.

"너는 누군데?"

"나는 혁이. 석이의 쌍둥이 형이야. 어제 부두 앞에서 누나를 따라가다가 내가 떠올린 아이디어야. 히히."

"5분 먼저 태어났다고 만날 형이래."

혁이의 말에 석이가 투덜거렸다. 웃는 모습뿐만 아니라 투덜대는 표정도 둘이 꼭 닮았다. 옷까지 비슷해서 멀리서는 도저히 구별할 수 없을 것 같았다.

'어쩜 저렇게 똑같이 생겼을까? 꼭 복사한 것 같네.'

나는 혼자 생각에 잠긴 채로 머리에 묻은 분필을 털어 냈다. 한참 동안 말을 하지 않자 두 아이가 웃음을 멈췄다. 잠시 후에는 둘 다 어쩔 줄 모르는 표정을 짓고 있었다. 내가 화난 것처럼 보인 모양이다. 나는 마음을 풀고 두 아이를 흘겨봤다.

우리 정말 닮았지?

"내가 첫날이라서 봐준다. 다음부터 장난치면 혼

확률로 유전의 비밀을 풀어라!

나. 알겠어?”

“응. 미안해. 그런데 솔직히 재밌었지? 히히.”

“이따가 서울에서 새로운 담임 선생님이 오신다는데, 또 시도해 볼까?”

석이의 천진한 대꾸에 나는 웃음을 터트리고 말았다.

“그런데 너희는 어쩜 이렇게 똑같이 생겼어?”

나는 아직도 누가 누군지 헷갈렸다.

“엄마가 그러는데, 우린 일란성 쌍둥이래.”

“누나, 그런데 일란성 쌍둥이가 뭐야? 이란성 쌍둥이와 달라?”

석이와 혁이가 동시에 말했다. 나도 일란성 쌍둥이와 이란성 쌍둥이라는 말을 들어 봤지만 정확히 어떻게 다른지는 알지 못했다. 하지만 명색이 5학년인데 4학년 아이들에게 모르는 티를 내기는 싫었다.

“그, 그럼. 그게 정말 궁금해?”

“어. 우리가 왜 이렇게 닮은 건데? 이란성 쌍둥이였으면 안 닮았을까? 응?”

“그게……”

내가 어떻게든 설명을 해 보려는데 갑자기 교실 문이 드르륵 열렸다. 그리고 키 작은 여자아이가 들어오면서 이야기를 늘어놓았다.

“뭐야, 너희들 일란성 쌍둥이도 몰라? 누나가 설명해 줄 테니까

너희 정자와 난자가 뭔지 알아?

잘 들어. 너희는 어려서 아직 잘 모르겠지만 **엄마와 아빠는 생식 세포를 가지고 있어. 생식 세포는 생명의 씨앗이라고 할 수 있지.** 엄마의 생식 세포는 난자라고 하고 아빠의 생식 세포는 정자라고 해. 정자는 작은 머리에 긴 꼬리가 달린 올챙이 모양이고 난자는 동그란 공 모양이야. 정자보다 난자의 크기가 훨씬 커.”

'뭐야, 내가 얘기하고 있었는데 갑자기 끼어드는 건? 나는 보이지도 않는 건가?'

키가 작은 걸 보니 어제 석이가 얘기한 종아가 틀림없다. 종아는 단발머리에 얼굴이 까무잡잡한 게 정말 시골에 사는 아이 같았다. 종아는 나를 흘끔 보고 계속 말을 이었다.

“전학 온 게 너구나. 안녕? 아무튼 얘기를 계속할게. 먼저 이란성 쌍둥이에 대해서 알려 줄게. 정자와 난자가 만나서 생명을 만드는데, 보통 하나의 정자와 하나의 난자가 만나지. 그런데 두 개의 정

확률로 유전의 비밀을 풀어라!

자와 두 개의 난자가 만날 때도 있어. 그때 이란성 쌍둥이가 생겨. 그리고……."

"좋아야, 너 상식이 풍부하구나. 으앗!"

'우당탕탕!'

아이코!
얘들아, 안녕.

나와 종아, 석이와 혁이 모두 동시에 소리가 난 쪽을 돌아봤다. 키 큰 아저씨가 바닥에 넘어져 있었다. 옆에는 작은 통이 떨어져 있고, 그 안에 담겨 있던 액체는 바닥에 쏟아져 있었다.

"아이코. 애써 채집한 개구리 알을 쏟아 버렸구나."

낡은 모자를 눌러쓴 아저씨가 안타까운 목소리로 중얼거렸다. 바닥을 자세히 보니 쏟아진 액체는 다름 아닌 개구리 알이었다. 모자에 가려서 아저씨의 얼굴은 잘 보이지 않았다.

"그런데 누구세요, 아저씨? 어떻게 제 이름을 알고 계세요?"

종아가 아저씨에게 다가가며 물었다. 석이와 혁이도 궁금해하는 표정이었다. 나는 물론이고 종아와 쌍둥이 형제도 처음 보는 아저씨인 것 같았다. 아저씨가 모자를 붙잡고 벌떡 일어났다.

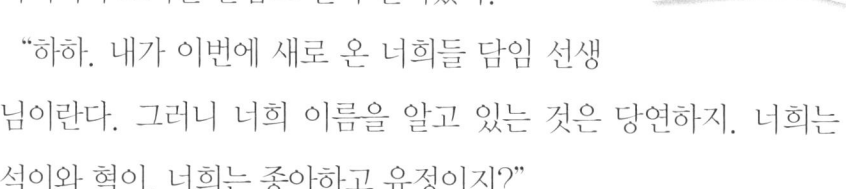

새로 온 선생님이야.

"하하. 내가 이번에 새로 온 너희들 담임 선생님이란다. 그러니 너희 이름을 알고 있는 것은 당연하지. 너희는 석이와 혁이, 너희는 종아하고 유정이지?"

"아, 안녕하세요, 선생님. 몰랐어요."

우리는 어색하게 웃었다.

'서울에서 오신다기에 세련된 선생님을 상상했는데……'

다른 아이들도 의아한 듯이 선생님을 쳐다봤다.

"자, 선생님 때문에 이야기가 멈췄지? 종아가 하던 이야기를 마저 들어 볼까?"

확률로 유전의 비밀을 풀어라!

선생님이 바닥에 쏟은 개구리 알을 조심히 쓸어 담았다. 종아가 말을 이었다.

"네. 이란성 쌍둥이는 두 개의 정자와 두 개의 난자가 각각 만날 때 생기고, 일란성 쌍둥이는 한 개의 정자와 한 개의 난자가 만날 때 생겨요."

"그건 알겠어. 그런데 왜 쌍둥이는 얼굴이 똑같이 생겼어?"

석이가 끼어들었다. 석이는 다른 것보다 그게 궁금한 모양이었다.

"음, 그건 말이야……."

종아도 모르는지 머뭇거렸다.

"캡모자 쌤! 쌍둥이는 왜 얼굴이 똑같이 생겼어요? 종아 누나는 모르나 봐요."

"캡모자 쌤이라고? 하하. 하긴 내가 모자가 좀 잘 어울리지. 그래도 캡모자 쌤이 뭐니?"

선생님은 재미있다는 듯 허허 웃었다. 나도 캡모자 쌤이라는 별명이 선생님과 잘 어울린다고 생각했다.

"그래, 일란성 쌍둥이의 얼굴이 똑같은 이유가 궁금하다고? 그건 수정란이 아기가 되는 과정을 알아보면 쉽단다."

캡모자 쌤이 넘어질 때 다친 무릎을 어루만지며 대답했다.

"수정란이 뭔데요?"

혁이가 물었다.

"정자와 난자가 만나서 수정란이 된단다. 생명의 시작이라고 할 수 있지. 종아는 아까 보니 과학 상식이 뛰어나던데, 수정란에 대해서도 알고 있니?"

캡모자 쌤이 다시 묻자 종아가 기다렸다는 듯이 대답했다.

"수억 마리의 정자가 난자에게 다가가지만 단 하나의 정자만 난자와 만나 수정란이 돼요. **수정란이 엄마 배 속에서 약 열 달 동안 자라서 아기가 되고요.**"

종아의 대답에 캡모자 쌤이 고개를 끄덕였다.

'시골 아이가 제법이네.'

나는 똑 부러지게 대답하는 종아를 보고 조금 놀랐다. 내가 은연중에 섬마을 아이들을 무시하고 있었던 모양이다.

"역시 잘 알고 있구나. 수정란은 한 개의 세포로 되어 있는데…… 너희들 세포에 대해서 알고 있니? **세포는 우리 몸을 이루는 기본 단위야. 우리 몸은 셀 수 없을 정도로 많은 세포로 이루어져 있지.** 세포는 어느 정도 자라면 갈라져서 두 개의 세포가 되는 과정을 거치는데 이 과정을 분열이라고 해. 세포는 분열을 반복하면서 점점 많아지고, 따라서 우리의 몸도 자라지."

"그럼 수정란도 엄마 배 속에 있는 동안 계속 분열해요?"

"그렇지! 분열을 통해 세포의 숫자가 늘어나면서 점점 사람의 모습을 갖춘단다. 수정란은 1개의 세포로 이루어져 있어. 그런데 분

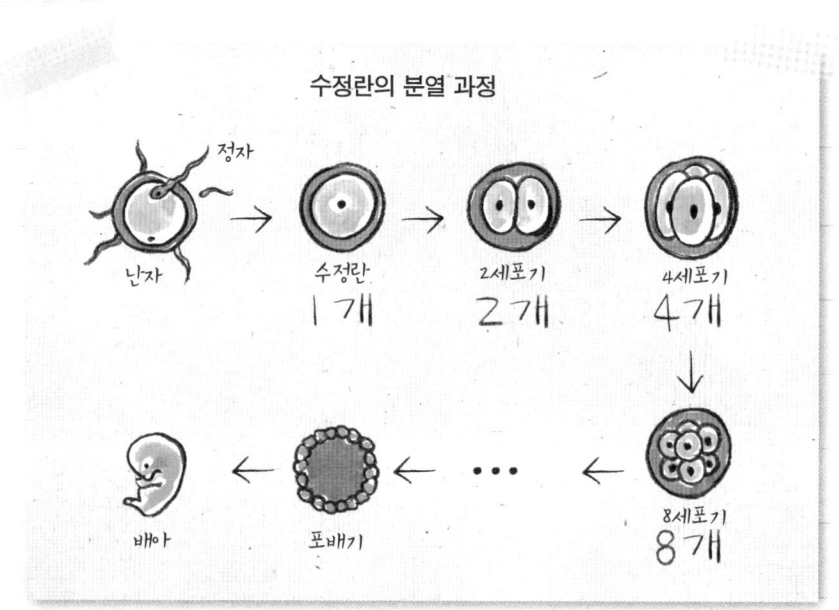

수정란의 분열 과정

정자 / 난자 → 수정란 1개 → 2세포기 2개 → 4세포기 4개 → 8세포기 8개

배아 ← 포배기 ← … ←

열 과정을 거치고 나면 2개의 세포로 나뉘어. 그리고 2개의 세포가 또 각각 둘로 나뉘어서 4개가 돼. 4개는 다시 또 둘씩 나뉘어서 8개가 된단다."

캡모자 쌤이 칠판에 하나의 수정란이 2개, 4개, 8개로 분열되는 모습을 그렸다.

"8개가 각각 둘로 나뉘면 그다음에는 16개가 되네요."

"그리고 그다음에는 32개로 분열돼. 점점 많아지네."

그림을 보고 종아와 석이가 중얼

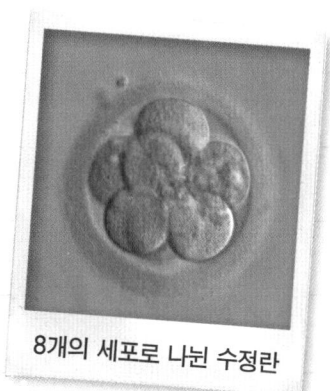

8개의 세포로 나뉜 수정란

거렸다.

"맞아. 이 과정이 진행되는 동안 계속 앞서 만들어진 세포의 2배씩 세포 수가 늘어나. 그래서 며칠 사이에 몇 백만 개의 세포가 만들어지지. 분열을 통해 만들어진 수많은 세포들은 아기의 심장도 되고 얼굴도 되지. 그래서 약 열 달 뒤에는 인체의 각 기관을 갖춘 생명이 태어난단다."

"2, 4, 8, 16, 32……라고요? 그냥 2의 배수와는 다르네요."

종아가 말했다. 그 순간 내 머리에 '제곱'의 개념이 번뜩 떠올랐다.

"아, 제곱!"

$$2 \times 2 = 2^2$$
$$2 \times 2 \times 2 = 2^3$$
$$2 \times 2 \times 2 \times 2 = 2^4$$

제곱이란 거듭해서 곱하는 거야.

확률로 유전의 비밀을 풀어라!

"좋아 누나, 제곱이 뭐야?"

내 말을 들은 혁이가 옆에 있는 종아에게 속삭였다.

"제곱이란 같은 숫자를 두 번 곱하는 걸 말해. 2를 두 번 곱했다는 뜻으로 2자 옆에 작은 글씨로 2를 표시해. 2^2이라고 쓰고 이걸 '2의 제곱'이라고 읽어. 2^2은 2×2이니까 4야. $2 \times 2 \times 2$는 8인데 이것은 2를 세 번 곱했다는 뜻으로, 이번에는 2자 옆에 작은 글씨로 3을 표시해서 2^3이라고 써. 이건 '2의 세제곱'이라고 읽지."

나는 종아가 대답하기 전에 얼른 말했다. 아까 종아가 끼어든 것에 대해 빚을 갚은 셈이다. 하지만 종아는 동그란 눈으로 내 말에 집중하고 있었다.

"맞아. 계속 같은 숫자를 곱한다고 생각하면 된단다."

캡모자 쌤이 내 설명을 정리했다.

"음, 그럼…… $2 \times 2 \times 2 \times 2 = 16$이니까, 2를 네 번 곱한 것은 2^4이라고 쓰고 '2의 네제곱'이라고 하는 거구나."

가만히 듣고 있던 혁이가 중얼거렸다. 나는 놀라서 혁이를 돌아봤다. 혁이는 4학년인데도 제곱의 원리를 금방 파악했다. 하지만 석이는 혁이를 보며 뚱한 표정을 짓고 있었다.

"치. 세포가 제곱으로 늘어나는 건 나도 알겠어. 그런데 나는 쌍둥이끼리 왜 닮았는지가 궁금하다고. 너는 안 궁금해? 우리가 닮은 이유?"

석이가 투덜거리자 캡모자 쌤이 씨익 웃고 말을 이었다.

"석아, 부모님과 닮았거나 쌍둥이끼리 얼굴이 닮은 것은 세포에 들어 있는 유전 물질 때문이야."

"유전 물질요?"

"그래. 부모님이 지닌 특징이 자손에게 전달되는 것을 유전이라고 해. 유전은 유전자라는 유전 물질을 통해 일어나지. 유전자는 쉽게 말하면…… 우리 몸의 설계도란다!"

캡모자 쌤이 잠깐 고민하다가 손끝을 튕기며 말했다.

"설계도라고요? 집을 짓거나 기계를 만들 때 쓰는 설계도?"

우리 넷은 어느새 캡모자 쌤의 말에 집중했다.

"생각해 보렴. 집을 지을 때 설계도대로 짓지? 만약에 설계도가 없다면 어떨까?"

유전자는
설계도 같구나.

"제대로 된 집을 지을 수 없어요."

석이가 먼저 대답했다.

"맞아. 유전자의 역할도 설계도랑 비슷하단다. 사람의 손과 발, 생김새, 피부색 등은 유전자의 지시대로 만들어져. 유전자에 우리 몸을 만드는 정보가 담겨 있는 셈이지. 수정란

확률로 유전의 비밀을 풀어라!

에서 만들어진 수백만 개의 세포들도 각각 유전자에 담긴 정보에 따라서 눈도 되고 손도 되는 거란다. 키나 피부색도 유전자에 의해 정해지고."

내 몸의 유전자로 내 키와 피부색 등이 결정된다니 생각할수록 신기했다.

"그럼 분열을 통해 수가 늘어난 세포에도 모두 유전자가 들어 있어요?"

이번에는 종아가 물었다.

"어떻게 알았니? 세포 안에는 그 사람의 유전자가 있지. 그리고 세포가 나뉘어 수백만 개의 세포가 되어도 각각의 세포에는 모두 똑같은 유전자가 들어 있단다. 분열할 때 그냥 나뉘는 게 아니라 ★ 복제되기 때문이야. 복제란 쉽게 말해서 복사되는 거란다."

> **★ 복제**
> 본래의 것과 똑같은 것을 만듦.

"복사된다고요? 그럼 일란성 쌍둥이의 얼굴이 닮은 것도 그것과 관련이 있나요?"

석이가 목소리를 높여 물었다. 캡모자 쌤이 고개를 끄덕였다.

"그렇지! 관련이 있어. 이란성 쌍둥이가 어떻게 생기는지 얘기한 거 기억나니?"

"네. 두 개의 정자와 두 개의 난자가 각각 따로 만날 때 생겨요. 그럼 수정란 두 개가 따로 생기니까 두 명의 아기가 만들어지는 거 아니에요?"

석이가 기억을 더듬으며 말했다. 옆에서 종아도 고개를 끄덕이고 있었다.

"맞아. 두 수정란에서 각각 한 명씩 두 명의 아기가 생기지. 수정란이 동시에 두 개 생겨서 이란성 쌍둥이라고 하는 거고. 그런데 석이와 혁이 같은 일란성 쌍둥이는……."

"혹시…… 하나의 수정란에서 생겨요?"

석이와 혁이가 닮은 목소리로 동시에 물었다.

"하하. 너희들 눈치가 빠르구나. 맞아. '일란성'의 '일란'은 하나의 수정란을 뜻하지. **일란성 쌍둥이는 이름 그대로 한 개의 수정란에서 두 명의 아기가 만들어진 거란다.**"

"어떻게요?"

우리는 동시에 캡모자 쌤을 바라보면서 물었다.

"수정란이 분열할 때는 동그란 구슬 모양을 유지한단다. 그 안에서 2, 4, 8, 16, 32……개로 세포 수만 많아지지. 그런데……."

"그런데요?"

캡모자 쌤이 뜸을 들이자 종아가 물었다. 가만히 듣고 있던 나도 점점 더 궁금해졌다.

"그런데 어떤 이유에서인지, 1개의 세포인 수정란이 2개의 세포로 분열되는 과정에서 두 개체로 완전히 분리되는 경우가 있단다. 아예

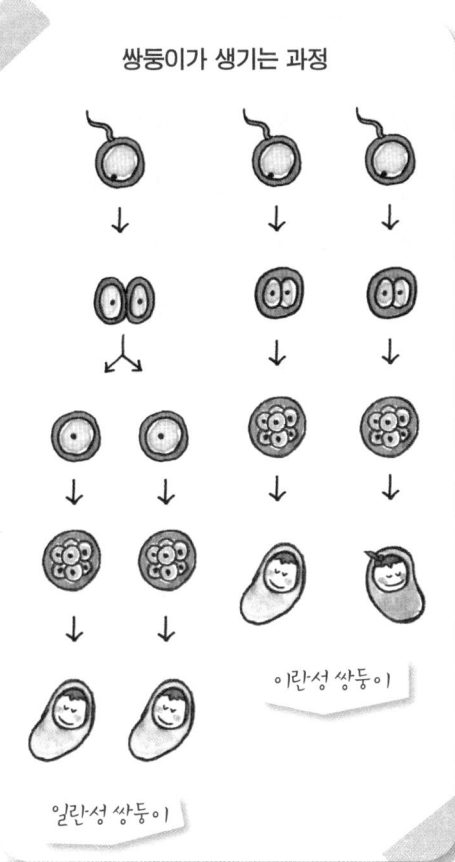

쌍둥이가 생기는 과정

이란성 쌍둥이

일란성 쌍둥이

두 개의 수정란으로 나뉘어 버린다는 뜻이야. 둘로 나뉜 수정란은 이후 각자 분열 과정을 거쳐 두 명의 아기가 돼. 이런 경우에 너희 둘처럼 똑같이 생긴 일란성 쌍둥이가 되지."

캡모자 쌤이 쌍둥이가 생기는 과정을 설명하는 동안 내 머릿속에는 수정란이 분열되고 완전히 두 개로 나뉘는 모습이 그려졌다. 그러다가 불현듯 쌍둥이가 닮은 이유가 떠올랐다. 두 개로 나뉜 수정란에 똑같은 유전자가 들어 있기 때문이었다.

"선생님!"

내가 손을 번쩍 들고 말하려는 순간 종아도 입을 열었다.

"아! 아까 분열된 세포는 똑같은 유전자를 갖는다고 하셨죠. 처음에 하나의 수정란이었다가 둘로 나뉜 수정란에는 똑같은 유전자가

있을 거예요. 맞죠? 그러니
까 그 두 개의 수정란에서
만들어진 쌍둥이는 똑같
을 수밖에 없어요. 둘의
유전자가 똑같으니까
요."

너랑 나랑
유전자가
같다고?!

내가 하려던 말을 종아가 먼저 해 버
렸다.

"그렇지. **똑같은 설계도로 지은 집이 똑같은 것처럼, 같은 유전자를
지닌 일란성 쌍둥이도 똑같을 수밖에 없어.** 종아가 수정란과 유전자
를 제대로 이해했구나."

"그럼 저랑 석이랑 똑같은 수정란에서 생겨난 거예요?"

"그래서 우리가 이렇게 닮았구나. 이거 기분이 이상한데. 크크
크."

혁이와 석이가 마주 보고 웃었다.

"그래. 너희는 아주 특별한 경우란다. 보통 일란성 쌍둥이가 태어
날 확률은 0.4퍼센트 정도야. 1000명 중 4명 정도에 불과한 특별한
경우이지. 이란성 쌍둥이는 왜 다른지 다시 설명하지 않아도 되겠
지?"

"네. 두 개의 수정란에서 만들어지니까 당연히 일란성 쌍둥이처럼

똑같지는 않을 거예요. 서로 다른 설계도를 가지고 있는 거니까요."

종아는 쌍둥이의 비밀을 마치 자기 혼자 알고 있는 것마냥 웃으며 말했다. 캡모자 쌤이 종아를 보고 흐뭇하게 웃었다. 나는 내가 할 말을 종아에게 빼앗겨 버린 것만 같았다. 본격적인 수업이 시작되자 종아의 활약은 더 두드러졌다. 종아는 캡모자 쌤이 물어보는 동물이나 식물 이름을 척척 맞췄다. 시골에서 나고 자란 종아가 자연을 잘 아는 건 어쩌면 너무 당연한 일이다. 하지만 나는 종일 종아에게 지는 기분이었다.

"엄마! 엄마!"

집에 오자마자 나는 엄마를 찾았다. 등교 첫날에 있었던 일들을 말하고 싶어 입이 간질간질했다.

"왜 그러니?"

엄마는 평소와 달리 방에서 나오지도 않고 대답만 했다. 나는 문밖에서부터 이야기를 시작했다.

"엄마! 글쎄, 석이가 쌍둥이였어요. 형은 혁이래요. 둘이 정말 똑같이 생겼어요. 서울에서 온 선생님은 조금 엉뚱하신 것 같아요. 그리고 종아라는 아이가 있는데 아는 게 좀 많아요. 그런데 자꾸만 내가 말할 때 끼어들어서 얄밉기도 하고……. 어? 이게 다 뭐예요?"

방 안에 들어선 나는 깜짝 놀랄 수밖에 없었다. 좁은 방에 봉제 인형들이 산더미같이 쌓여 있었다.

"웬 인형이에요? 뭐 하시는 거예요?"

엄마는 실에 작은 단추를 꿰어 봉제 인형의 눈을 꿰매 붙이고 있었다.

"봉제 인형에 눈이랑 입을 붙이는 일거리야. 석이네 엄마가 하신다기에 엄마도 조금 가지고 왔어. 엄마는 농사일에는 익숙지 않으니까 조금만 받아서 해 보려고."

이번에는 반원 모양의 헝겊에 접착제를 발라 봉제 인형의 입 부분

너도 인형 입 붙여 볼래?

에 붙였다.

"조금이라고요?"

나는 엄마 뒤쪽에 가득
쌓인 봉제 인형을 다시
한 번 둘러봤다. 아직
얼굴에 아무것도 붙
이지 않은 게 더 많았다.

"유정아, 너도 한번 해 볼래? 생각보다 재미있다. 너는 바느질이
서툴 테니까 인형 입을 붙여."

"알겠어요."

가까이서 보니까 호기심이 생겼다. 나는 냉큼 엄마 옆에 앉아 인
형 입을 붙이기 시작했다. 막상 해 보니 쉽고 재미있었다. 접착제
를 발라 정해진 위치에 붙이기만 하면 되는 것이었다. 어느 정도 일
이 손에 익자 나는 다시 학교에서 있었던 일에 대해서 얘기하기 시
작했다.

"엄마, 오늘 학교에서 하나의 수정란에서 생긴 일란성 쌍둥이에
대해서 배웠어요."

"그랬어? 그런데 석이와 혁이가 일란성 쌍둥이라고?"

"네. 둘이서 오늘 아침에 저한테 장난을 쳤는데, 글쎄 똑같은 사
람이 둘인 줄 알고 얼마나 놀랐는지 몰라요. 처음엔 당황해서 쌍둥

나랑 똑같이 생긴 사람은 없을까?

이일 거라는 생각도 못 했다니까요."

"정말? 하하하. 석이랑 혁이가 장난꾸러기구나. 빨리 눈치를 챘어야지. 쌍둥이가 아닌데 똑같은 사람이 있을 수 있겠어?"

엄마는 내 말에 크게 웃었다. 나는 엄마의 말에 또 다른 호기심이 생겼다.

"전 세계에 70억 명이 넘는 사람이 있는데, 정말 그중에 똑같이 생긴 사람이 없을까요? 일란성 쌍둥이가 아니면 얼굴이 똑같을 수 없는 건가?"

내가 인형 입을 붙이던 손을 멈추고 엄마를 바라보자 엄마도 바느질을 멈추고 생각에 잠겼다.

"음…… 엄마 생각에는 가능성이 거의 없을 것 같은데."

생각에 잠긴 엄마의 표정이 나와 많이 닮았다. 나는 방 안에 걸려 있는 거울 쪽으로 엄마를 불렀다.

"엄마! 잠깐 이쪽으로 와 보세요."

나는 엄마의 팔을 끌어당겨 거울 앞에 나란히 섰다.

"이거 봐요. 엄마랑 나는 눈이랑 코가 진짜 닮았어요. 그리고 사

람들이 내 얼굴을 보고 아빠랑 붕어빵이라고 하잖아요. 어릴 적에는 할머니랑 닮았다는 말도 들었고. 잠깐만 찾아봐도 나랑 닮은 사람이 이렇게나 많은데요."

하지만 엄마는 손사래를 치면서 말했다.

"얘도 참. 그건 우리가 가족이기 때문이지. **엄마의 유전자가 너에게 절반이나 전해졌거든. 그래서 너랑 엄마가 닮은 거야.** 한 가족이 아닌 경우에는 유전자가 그렇게 비슷하긴 힘들지."

"정말요? 유전자가 절반이라는 게 무슨……."

나는 엄마의 설명이 잘 이해되지 않아서 거울 앞에 우두커니 서서 중얼거렸다. 엄마는 다시 자리로 돌아가 인형을 집어 들었다.

"자자, 오늘은 얼른 이 인형들을 해치우자. 안 그러면 오늘 인형을 가득 쌓아 놓고 자야 할지도 몰라."

하지만 내 궁금증은 아직 해결되지 않았다.

"엄마, 저는 저랑 아주 많이 닮거나 아니면 똑같은 사람이 한 명쯤은 있을 것 같아요!"

엄마가 고개를 가로저었다.

"이 세상에 사는 사람 수는 약 70억 명이지만, 외모를 결정하는 유전자의 가짓수는 70억 개보다 훨씬 많아. 사람의 외모가 유전자에 의해서 결정되는 거 알지? 너랑 똑같이 생기려면 눈, 코, 입뿐만 아니라 키, 피부색, 머리카락 색 등등 수많은 부분이 닮아야 해. 그런데 각각의 특징을 나타내는 유전자들이 모두 일치한다는 것은 있을 수 없는 일이지. 어머! 그런데 너 왜 입을 거꾸로 붙였니?"

엄마가 갑자기 내가 입을 붙인 인형을 보면서 물었다. 나는 고개를 갸웃거리면서 내가 입을 붙인 인형을 다시 봤다.

"앗, 얘기하면서 거꾸로 붙였나 봐요."

웃고 있는 입을 거꾸로 붙인 탓에, 그 인형만 입꼬리가 내려간 얼굴이 되고 말았다. 입만 거꾸로 붙였을 뿐인데 달라 보였다.

"입 하나만 다른데 전혀 다른 표정이 됐네. 크크. 재밌다."

"그래, 이 인형들을 가지고 얘기하면 되겠다."

갑자기 엄마가 무릎을 쳤다.

"유전자에 기록된 정보가 생명체에 나타난다는 거 알고 있니?"

"네. 집을 지을 때 설계도대로 짓는 것처럼 유전자에 기록된 내용대로 생명체가 만들어져요. 오늘 배웠어요."

"그래, 그거야. 이 인형들을 하나의 생명체라고 해 보자. 그리고 입 모양을 결정하는 유전자가 딱 두 가지만 있다고 하자. 입꼬리가 올라간 것과 입꼬리가 내려간 것. 입 모양 외에 다른 부분은 그대로라고 해 두고 말이야. 그럼 우리가 아무리 인형을 많이 만들어도 인형의 얼굴 모습은 딱 두 가지뿐일 거야. 입 모양에 따라 웃는 인형이거나 찡그린 인형이겠지."

엄마가 웃는 인형과 찡그린 인형을 하나씩 집어서 내게 건넸다.

두 가지 입으로
두 가지 얼굴이
되네.

"정말 그렇네요. **다른 것들은 다 그대로이고 입 모양만 두 가지이면 얼굴이 두 가지로 나오겠네요.**"

나는 두 인형을 번갈아 보면서 말했다.

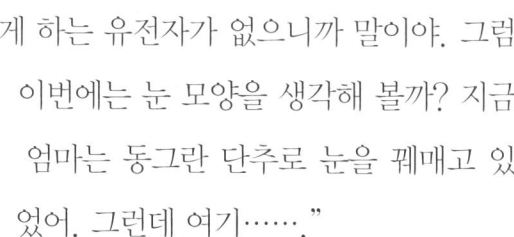

"그렇지? 입 모양 외에는 얼굴 모습을 변하게 하는 유전자가 없으니까 말이야. 그럼 이번에는 눈 모양을 생각해 볼까? 지금 엄마는 동그란 단추로 눈을 꿰매고 있었어. 그런데 여기……."

엄마가 반짇고리를 뒤져서 하트 모양 단추와 네모 모양 단추를 꺼냈다. 나는 엄마가 왜 여러 가지 단추를 꺼내는지 몰라 바라만 보고 있었다.

"자, 동그란 단추 외에도 이렇게 하트 모양, 네모 모양의 단추를 눈으로 만들 수 있다고 해 보자."

나는 그제야 엄마가 왜 단추를 꺼냈는지 알았다.

"눈 모양을 결정하는 유전자가 세 가지라는 이야기네요."

"맞아. 입 모양을 결정하는 유전자는 그대로 두 가지이고 눈 모양을 결정하는 유전자는 세 가지라면, 이때 만들 수 있는 얼굴은 모두 몇 가지일까?"

엄마는 아예 하던 일을 멈추고 나에게 물었다.

"음…… 맨 처음에 동그란 눈일 때 웃는 입과 찡그린 입이 있었

확률로 유전의 비밀을 풀어라!

세 가지 눈과
두 가지 입으로
3×2=6,
여섯 가지 얼굴!

어요. 그러니 하트 모양 눈일 때도 웃는 입 모양과 찡그린 입 모양이 있을 거예요. 네모 모양의 눈에도 당연히 두 가지 입 모양이 있을 거고요. 그럼 세 가지 눈 모양에 각각 두 가지 입 모양이 정해지는 거니까…… 3개당 2개예요. 이건 3과 2의 곱으로 나타낼 수 있겠네요. 3×2=6. 나올 수 있는 얼굴 모습은 모두 6가지예요. 맞아요?"

내 대답에 엄마가 고개를 크게 끄덕였다.

"맞아. 경우의 수를 잘 따졌네."

"경우의 수요?"

"어떤 일이 일어날 수 있는 경우의 가짓수를 경우의 수라고 한단다. 두 경우의 가짓수가 각각 3과 2이고 이 사건이 동시에 일어난다면 두 수를 곱해서 모든 경우의 수를 구할 수 있지. 세 가지 눈 모양에 두 가지 입 모양으로는 모두 여섯 가지 이목구비를 가진 얼굴이 나올 수 있어."

내가 고개를 끄덕였다. 일어날 수 있는 모든 경우의 수를 세어 보니 어렵지 않았다. 엄마는 이어서 나에게 물었다.

"자, 여기에 하나 더 추가해 보자. 얼굴형을 결정하는 유전자까지 생각해 보면 어떨까? 얼굴형을 동그랗게 만드는 유전자와 네모난 모양으로 만드는 유전자가 있다면?"

"앗! 헷갈려요. 두 가지 경우의 수가 또 있다면……."

좀 전까지만 해도 어렵지 않았는데 또 다른 요소가 생기니 헷갈리기 시작했다. 더 다양한 유전자를 따져 보면 점점 더 계산하기 어려워질 것이다. 내가 헤매고 있자 엄마가 다시 말을 이었다.

"아까 여섯 가지 이목구비가 생겼지? 그런데 이 이목구비가 동그란 얼굴형에 나타날 수도 있고 각진 얼굴형에 나타날 수도 있어. 여섯 가지의 이목구비마다 두 가지 얼굴형이 있는 거지. 이번에도 역시 경우의 수를 곱하면 돼. 아까 계산한 3×2에 2를 또 곱하면……."

"아, $3 \times 2 \times 2 = 12$. 그럼 생길 수 있는 얼굴은 모두 12가지가 돼요. 와, 점점 커지네요! 엄마, 다른 종류의 유전자도 더 생각해 봐야

두 가지 얼굴형까지 생각하면 3×2×2=12, 열두 가지!

돼요?"

내가 머리를 긁적이자 엄마가 웃으며 말했다.

"하하. 복잡하지? 알았어. 유전자는 더 이상 추가하지 않을게. 방금 살펴본 것처럼 유전자의 종류를 추가할수록 전체 경우의 수는 점점 커져. 게다가 실제 사람의 얼굴은 입이 딱 두 가지 모양으로 생기는 것도 아니고 코가 딱 세 가지 모양으로 결정되는 것도 아니야."

"눈 모양 하나만 해도 셀 수 없이 많은 데다가 눈, 코, 입, 귀, 얼굴형 등 유전자의 종류도 많아요. 만약에 그 각각의 경우를 곱해서 모든 경우의 수를 따진다면…… 와, 나올 수 있는 얼굴이 정말 셀 수 없이 많겠네요."

수많은 얼굴 특징을 경우의 수로 세고 그 경우의 수를 모두 곱할 생각을 하니 엄두가 나지 않았다. 엄마가 씽긋 웃고 다시 인형 눈을 꿰매 붙이면서 말했다.

"그래, 맞아. **눈 모양, 코 모양, 또 입 모양······ 등의 무수히 많은 가짓수를 모두 곱해야 전체의 경우의 수가 나오는 거야. 70억과는 비교도 할 수 없을 만큼 커지지. 그래서 인구가 아무리 많아도 얼굴이 똑같은 사람은 있을 수 없는 거야.** 재밌지 않니, 유정아?"

나는 다시 한 번 인형들을 둘러봤다.

'그래서 이 세상에는 그렇게 수많은 얼굴이 있는 거구나.'

나는 전혀 몰랐던 비밀을 알아낸 것 같아 뿌듯했다.

완두콩 유전 퀴즈 ①

다섯 가지 눈, 세 가지 코, 두 가지 입 모양이 있을 때 몇 가지 얼굴을 만들 수 있나요?

확률로 유전의 비밀을 풀어라!

2 먹기 좋은 방울토마토

다음 날 아침이 밝았다. 마루에 앉아 밖을 바라보니 안개가 끼어 어슴푸레했다. 바람이 불지 않는데도 공기가 차가웠다.

'섬마을은 다르구나.'

나는 눈을 계속 비벼댔지만 쉽게 잠이 깨지 않았다. 종아를 이겨 보겠다고 어제 밤늦게까지 책을 본 게 잘못이었나 보다. 학교 갈 준비를 마치자 엄마가 보조 가방을 건넸다.

"둘째 날도 힘내!"

"엄마, 그런데 이게 뭐예요?"

"도시락. 여기는 급식이 없어서 도시락을 가져가야 해. 작은 통에 든 건 간식이니까 쉬는 시간에 먹고."

'에이, 귀찮은데.'

나는 가방을 둘러메고, 한쪽 손엔 신발주머니, 다른 손에는 도시락 가방을 들고 집을 나섰다.

역시 오늘 수업도 종아의 독무대나 다름없었다. 어젯밤에 읽은 책도 아무 소용 없었다. 그 많은 식물들의 이름과 특징을 짧은 시간 안에 외우는 건 불가능한 일이었다. 어쩌다 아는 것이 나와도 종아가 끼어드는 바람에 내가 얘기할 기회는 거의 없었다. 그렇게 1교시가 지나고 쉬는 시간이 되었다. 석이와 혁이는 그새를 못 참고 운동장으로 뛰쳐나갔다.

'간식이 뭔지 한번 볼까?'

도시락 가방을 열고 작은 통을 열어 보니 방울토마토가 가지런히 들어 있었다.

"이야!"

내가 자다가도 벌떡 일어나는 방울토마토였다. 보기만 해도 금세 침이 고였다. 나는 과일이라면 뭐든 좋아하는데, 방울토마토는 한 입에 먹기 좋아서 즐겨 먹는다. 내가 방울토마토를 입에 쏙 넣는 순간 종아가 다가왔다. 종아는 방울토마토가 담긴 내 간식 통으로 손을 쑥 내밀었다.

"이게 뭐야? 토마토 모양인데 대추 같기도 하고. 아직 덜 자란 토마토야?"

종아가 내 허락도 없이 방울토마토를 집어 들고 유심히 살펴보고
있었다.

"이리 줘!"

내가 심술 난 목소리로 소리쳤다. 그러자 종아가 머리를 긁적이며
방울토마토를 내려놨다. 나는 조금 미안해져서 종아에게 간식 통을
내밀었다.

"자, 먹어 봐."

종아가 쭈뼛거리며 다시 방울토마토를 집어 들었다. 그리고 신기
하다는 듯이 들여다봤다.

"근데 이게 뭐야?"

‘아니, 방울토마토를 모른단 말이야?’

마치 식물 박사인 것처럼 행동하던 종아가 방울토마토를 모르는 게 이상했다. 한참을 놀다가 교실로 들어온 석이와 혁이도 방울토마토 주변에 모여들었다.

"어? 이게 뭐야? 왕구슬만 하네."

"누나, 이거 덜 큰 거 아냐?"

석이와 혁이는 방울토마토를 꺼내 구슬치기하는 시늉을 했다. 아이들은 섬에만 살아서 ★ 품종 ★ 개량된 과일에 대해서는 잘 모르는 것 같았다. 이번에야말로 나서기 좋아하는 종아의 콧대를 꺾어 줄 수 있을 것 같았다.

★ **품종**
형질 또는 특성이 같은 개체의 집단

★ **개량**
나쁜 점을 보완하여 더 좋게 고침.

"음…… 너 혹시 방울토마토를 모르는 건 아니겠지?"

나는 혹시나 해서 물었다. 그러자 종아가 놀라며 대답했다.

"뭐, 방울토마토? 아, 이게 방울토마토구나! 응. 우리 마을에는 들어오지 않아서 직접 본 건 처음이야."

내가 알고 있는 걸 종아가 모르다니. 나는 어깨가 으쓱해졌다.

"이야, 정말 토마토 맛이야!"

방울토마토를 처음 맛본 종아가 소리쳤다.

"누나, 나도 먹어 볼래."

"나도 나도."

석이와 혁이까지 달라붙어 방울토마토 맛보기에 나섰다. 그때 종아가 물었다.

"유정아, 그런데 방울토마토는 왜 이렇게 작아?"

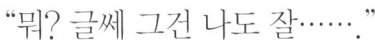

종아의 갑작스러운 질문에 나는 말문이 막혔다.

"뭐? 글쎄 그건 나도 잘……."

그동안 방울토마토를 먹기만 했지 어떻게 만들어지는지는 생각해 보지 않았다. 아빠에게 미리 여쭤어 볼걸 하는 후회가 밀려왔다.

"애들아, 쉬는 시간 끝났다. 자리에 앉자."

그때 캡모자 쌤이 교실로 들어왔다.

"선생님, 이거 이름이 진짜 방울토마토예요?"

내가 분명히 방울토마토라고 얘기해 주었는데도 종아는 캡모자 쌤에게 다시 물어보았다. 나는 그런 종아의 행동이 얄밉게 보였다.

"그래. 지인도에는 방울토마토가 안 들어오나 보구나. 유정이 덕에 선생님도 방울토마토 맛 좀 볼까?"

캡모자 쌤이 방울토마토를 먹는 사이 종아가 다시 질문을 시작했다.

"선생님, 방울토마토는 원래 없었던 종이죠? 어떻게 만든 거예요?"

"교배를 이용한 거란다."

"아, 그렇구나."

캡모자 쌤의 말에 종아와 아이들이 고개를 끄덕이고 다시 방울토마토를 맛있게 집어 먹었다. 말뜻을 몰라서 멍하니 서 있는 건 나뿐이었다. 나는 조용히 캡모자 쌤에게 물었다.

"선생님, 그런데 교배가 뭐예요?"

"교배는……."

"유정아, 내가 말해 줄게. 수분이랑 비슷한 거지요?"

캡모자 쌤이 설명을 시작하기도 전에 또 종아가 나섰다.

"유정이 너는 서울에서 살아서 잘 모르겠지만 꽃에는 수술과 암술이 있어. 수술의 꽃가루가 암술로 전달되면 열매를 맺어. 이때 수술의

식물은
꽃가루로 수분돼.

확률로 유전의 비밀을 풀어라!

꽃가루가 암술머리에 묻는 것을 수분이라고 해. 식물의 짝짓기라고 할 수 있지. 너 암술하고 수술이 뭔지 알아? 본 적 있어?"

나는 잘난 척하는 종아의 말이 곱게 들리지 않았다.

"그걸 모르는 사람이 어디 있니? 나도 알아!"

종아의 말투가 거슬러서 나도 모르게 쏘아붙였다. 그런데 사실 암술과 수술을 눈여겨본 적은 없었다.

"자자, 종아야, 유정아, 선생님이 마침 이번 시간에 같이 꽃을 관찰하려고 했는데. 석이와 혁이도 나와 볼래?"

나와 유정이, 석이와 혁이가 캡모자 쌤을 따라 밖으로 나갔다. 학교 건물 옆에 우뚝 서 있는 나무에 분홍 꽃이 피어 있었다.

"꽃 한가운데 튼튼하게 솟아오른 녀석이 암술이야. 주변에 가늘게 난 것들이 수술이고. 수술 끝에 꽃가루가 묻어 있는 거 보이니?"

캡모자 쌤의 말이 끝나기 무섭게 석이가 손가락을 수술에 갖다 댔다.

"정말 꽃가루가 있어!"

석이가 손에 묻은 꽃가루를 우리에게 보여 줬다.

"복숭아꽃처럼 하나의 꽃 속에 암술과 수술이 같이 있는 꽃을 양성화라고 한단다. 반면 수꽃과 암꽃이 따로 있는 단성화도 있어. 수꽃에는 수술만 있고 암꽃에는 암술만 있지."

"유정아, 너 수분이 어떻게 되는지 알아?"

꽃을 열심히 관찰하고 있는 내게 종아가 또다시 물었다.

"당연히 꿀벌이 옮겨 주지. 꿀벌은 꽃에서 꿀을 따는데, 꿀을 따려고 이 꽃 저 꽃으로 옮겨 다니는 동안 수술에 있는 꽃가루가 다리에 묻어. 다리에 붙어 있던 꽃가루가 암술에 묻어서 수분이 되지."

다행히 예전에 책에서 읽은 내용이 떠올라 대답할 수 있었다.

"제법인데? 꿀벌과 같은 곤충들이 꽃가루를 옮기는 것도 알고. 그런데 곤충들만 꽃가루를 옮기는 건 아니야. 바람이 옮겨 주기도 해."

종아가 거드름을 피우며 말했다.

확률로 유전의 비밀을 풀어라!

수술의 꽃가루를
묻히고 암술로!

"그래. 종아가 아주 잘 알고 있구나. 곤충이 꽃가루를 옮겨 수분하는 꽃을 충매화라고 한단다. 한자로 '벌레 충(蟲)'자를 쓰지. 바람이 옮겨 주는 경우는 '바람 풍(風)'자를 써서 풍매화라고 하고. 너희들, 봄에 노란 꽃가루가 날리는 거 봤지? 그건 소나무의 꽃가루인데 바람을 타고 옮겨가는 거야."

캡모자 쌤의 설명을 들으니 수분이 뭔지 쉽게 알 수 있었다. 문득 아까 나누었던 대화가 떠올랐다.

"그런데 수분이랑 교배랑 같은 말이에요?"

내가 캡모자 쌤에게 물으면서 종아를 보니 잘 모르는지 딴청을 피우고 있었다. 어쩐지 종아가 수분에 대해서만 설명하는 것이 수상쩍었다.

"사람이 일부러 동물을 수정시키거나 식물을 수분시키는 것을 교배

라고 해. 품질 좋은 나무를 골라서 수분시키면 계속 좋은 품질의 열매를 얻을 수 있지. 종아야, 너희 과수원에서도 사과나무를 교배시킬 텐데?"

교배로 원하는 품종을 얻을 수 있어.

그제야 종아의 표정이 돌아왔다.

"아, 맞다. 직접 꽃가루를 묻히는 거 말이죠?"

"그래. 우리 종아네 과수원에 가서 교배를 어떻게 하는지 알아볼까? 종아야, 선생님이랑 친구들을 초대해 주겠니? 과수원 근처에서 점심을 먹자꾸나."

"좋아요! 어서 가요."

종아가 벌떡 일어나서 앞장섰다. 자기 집 과수원을 보여 줄 생각에 신이 난 모양이다. 종아가 또 자랑할 생각을 하니 별로 내키지 않았지만, 교배를 어떻게 하는지 궁금해서 종아를 쫓아갔다.

한참을 걷자 아담한 종아네 과수원이 보였다. 나무 여러 그루가 줄을 맞춰 가지런히 심어져 있었다.

"예쁘다."

나무에 가득 피어 있는 작은 하얀 꽃을 보니 나도 모르게 탄성이

확률로 유전의 비밀을 풀어라!

나왔다.

"종아 누나, 이거 무슨 나무야?"

석이도 입을 벌리고 나무를 올려다보며 물었다.

"모두 사과나무야. 흰색 꽃이 참 예쁘지? 이 키 작은 나무에서 열리는 사과는 좀 작아. 그리고 그 옆에 있는 나무에서는 유난히 새빨간 사과가 열려. 그리고……."

종아가 나무 사이를 이리저리 다니면서 각 사과나무의 특징에 대해서 설명했다.

"저쪽 나무에서 열리는 사과가 진짜 달아. 그 나무 바로 옆에 있는 나무는 벌레가 잘 생기지 않고."

캡모자 쌤이 종아를 보고 고개를 끄덕였다.

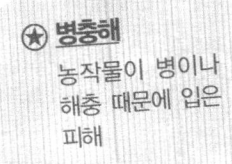

★ **병충해**
농작물이 병이나
해충 때문에 입은
피해

"하하. 과수원 집 딸 아니랄까 봐 사과나무를 속속들이 알고 있네. 종아가 방금 설명한 **생물의 특징들**, 이를테면 열매의 색깔, 크기, 맛, ★ **병충해**에 견디는 정도 등을 형질이라고 한단다."

"형질이라고요?"

종아가 물었다. 나도 처음 듣는 단어에 귀가 쫑긋했다.

'생물의 특징을 나타내는 게 형질이구나. 그럼 형질도 유전자랑 관계있는 건가?'

사과도 품종별로
형질이
다양해.

그때 혁이가 내가 궁금했던 걸 대신 물었다.

"선생님, 형질도 유전자로 결정되는 거예요?"

"맞아. **생명체 안에 존재하는 유전자가 그 생명체의 형질을 결정하지.** 식물뿐만이 아니야. 사람의 키, 이목구비, 머리카락 색깔 등의 형질도 모두 유전자대로 만들어진단다. 다른 과일들이 갖고 있는 형질도 떠올려 볼래?"

"음…… 유자는 향이 참 좋아요. 맛은 시큼하지만."

석이가 먼저 말했다.

"저는 딸기가 제일 좋아요. 달콤하고 부드럽잖아요."

"저는 거봉 포도가 생각나요. 보통 포도보다 알이 굵은 것도 거봉

확률로 유전의 비밀을 풀어라!

포도만의 형질 맞죠?"

혁이와 종아도 좋아하는 과일과 그 대표적인 형질을 말했다. 아이들의 말을 들으니 형질이 뭔지 쉽게 이해됐다. 캡모자 쌤도 고개를 끄덕였다.

"그래. 아까 우리가 먹은 방울토마토는 크기가 매우 작았지? 그것도 하나의 형질이야. 큰 토마토에 비해 먹기가 편하다는 장점이 있지."

방울토마토도 교배로 얻어요?

"선생님, 대체 방울토마토는 어떻게 만들어요?"

종아가 물었던 질문을 내가 다시 했다.

"이제 그 이야기를 해 줄게. 종아가 아까 이 나무에서 다른 나무에서보다 크기가 작은 사과가 열린다고 했지? 같은 종류의 사과나무라도 이렇게 형질이 조금씩 다를 수 있단다. 사람들의 얼굴 모양이 제각기 다른 것처럼 말이다. 실제로 사과에는 크기나 모양이 다른 수많은 종이 있단다. 각기 다른 유전 정보에 따라 다른 형질이 나타나는 거지."

캡모자 쌤이 종아가 가리켰던 사과나무를 가리키며 설명했다. 우리들은 캡모자 쌤의 이야기에 집중했다.

"토마토도 마찬가지야. 다른 토마토보다 크기가 큰 토마토가 있는가 하면 크기가 작은 토마토도 있지. 크기가 작은 토마토는 열매가 작게 열리는 유전자를 가지고 있겠지? 이 점을 활용하여 교배하면 크기가 작은 토마토를 얻을 수 있어."

"아, 저 알 것 같아요!"

교배로 방울토마토를 얻는 과정

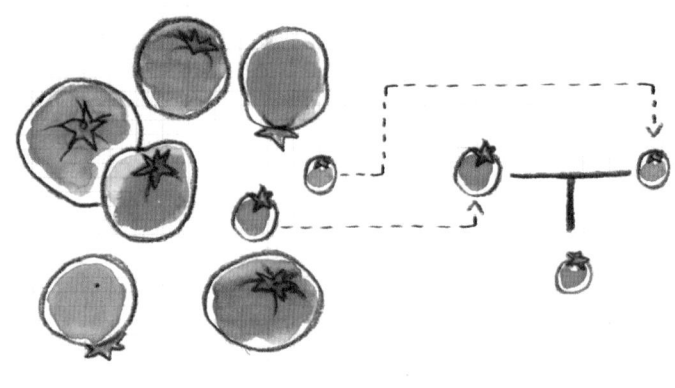

이번에도 종아가 손을 번쩍 들었다.

"그중에서 유난히 크기가 작은 열매가 열리는 토마토를 키워서 그것들끼리 교배시키면 돼요. 그렇게 하면 작은 토마토가 만들어질 가능성이 커질 것 같아요. 맞죠?"

"그래. 어떻게 알았니? 물론 한 번 교배한다고 해서 작은 토마토

확률로 유전의 비밀을 풀어라!

만 열리는 것은 아니란다. 작은 토마토끼리 교배하는 과정을 여러 번 반복하다 보면 점점 작은 토마토가 만들어질 가능성이 커지고 나중에는 항상 먹기 좋은 크기의 방울토마토만 만들어지지."

캡모자 쌤이 속 시원하게 설명했다.

"와, 신기해요. 원하는 형질을 끄집어내는 거네요."

석이가 손으로 뭔가를 끄집어내는 시늉을 했다.

"하하, 그래. 석이의 말처럼 형질을 끄집어내 볼까? 여기에는 토마토가 없으니까, 오늘은 사과의 형질을 끄집어내 보자꾸나. 가장 맛있는 사과를 만들어 보는 건 어떨까?"

"좋아요."

캡모자 쌤의 제안에 우리 모두 들떴다.

"그럼 종아가 다시 도와줄래? 종아야, 어떤 나무에 열리는 사과가 제일 맛있니?"

캡모자 쌤이 종아를 부르며 물어봤다.

"음. 저희 집 사과는 다 맛있지만…… 특히 이 녀석 사과는 정말 맛있어요."

종아가 가장 키 작은 사과나무 옆에서 나무줄기를 쓰다듬었다.

"아 참! 저쪽에 있는 사과도 정말 맛있는데……."

종아가 아쉽다는 표정으로 멀리 보이는 사과나무도 가리켰다.

"그래? 그럼 그 두 사과나무를 교배하면 어떨까?"

캡모자 쌤이 손가락을 튕기며 말했다.

"이 두 나무에는 맛있는 열매를 맺는 유전자가 있는 거잖아요. 그 두 유전자가 만나면 맛있는 사과가 열릴 가능성이 커지는 거죠?"

석이가 눈을 동그랗게 뜨고 물었다.

"너희들이 너무 잘 알아들어서 더 설명하지 않아도 되겠구나. 선생님이 붓을 준비해 왔지."

캡모자 쌤이 가방에서 주섬주섬 붓을 꺼냈다.

"아, 저 해 봤어요, 선생님."

종아가 붓을 낚아채며 나무 옆의 사다리로 올라갔다.

"그럼 직접 보여 줄래? 수술 끝에 묻은 꽃가루를 붓에 묻히렴."

"네. 여기 붓 끝에 꽃가루가 묻었어요."

"이제 붓 끝에 묻은 꽃가루를 저쪽 나무에 있는 암술머리에 묻히면 교배가 된단다."

종아가 붓을 들고 아까 말한 사과나무로 달려갔다. 그리고 캡모자 쌤의 말대로 꽃가루를 암술머리에 묻혔다.

"어? 종아 누나가 꿀벌 대신이네요. 위잉."

석이가 꽃가루가 묻은 붓을 들고 꿀벌이 날아다니는 모습을 흉내 냈다.

"뭐라고? 하하하."

석이 덕분에 우리 모두 한바탕 웃었다. 캡모자 쌤은 종아가 꽃가

2. 먹기 좋은 방울토마토

루를 묻힌 꽃을 종이봉투로 감싸 묶어 두었다.

"선생님, 그런데 왜 종이봉투로 감싸요?"

혁이가 물었다.

"혹시 곤충들이 묻혀 온 다른 꽃가루에 의해 수분되는 것을 막기 위해서야. 여기에서 정말 맛있는 사과가 열렸으면 좋겠구나."

우리는 교배한 꽃들을 각각 종이봉투로 감싼 뒤 우리의 이름과 날짜를 적어 두었다. 나는 우리가 교배한 꽃에서 맛있는 사과가 열리기를 빌었다. 과수원에서 직접 교배를 해 보는 사이 어느덧 시간이 많이 흘렀다.

"애들아, 점심시간이 훌쩍 지난 거 같구나. 여기서 도시락을 먹고 돌아갈까?"

"네."

우리는 과수원 옆 오두막에 올라가서 싸 온 도시락을 맛있게 먹어 치웠다. 소풍 온 것 같아서 기분이 들떴다.

"맛있게 먹었으면 이제 돌아가자, 애들아."

돌아갈 때는 산길을 통해 가기로 했다. 석이와 혁이가 앞장서서 산길을 안내했다.

"선생님, 이것 좀 보세요!"

앞서 가던 석이의 외침에 우리는 걸음을 멈췄다. 석이가 가리키는 곳은 산길 옆 대나무 숲이었다.

"누가 바닥을 파헤쳐 놨나? 대나무 뿌리가 조금씩 드러나 있어요."

이번에는 혁이가 말했다. 캡모자 쌤과 종아와 나도 석이와 혁이 곁으로 다가갔다. 대나무 뿌리 여러 개가 땅 밖으로 드러나 있었다.

뿌리가 서로 엉겨 붙어 있네?

"여기 너희가 파헤친 거 아니야?"

종아가 쌍둥이 형제를 흘겨보며 물었다. 하지만 석이와 혁이는 어깨를 으쓱할 뿐이었다. 둘의 장난은 아닌 것 같았다. 나도 가까이 가서 드러난 대나무 뿌리를 살펴봤다. 뿌리가 드러나 있는 것도 특이했지만, 자세히 보니 한 나무와 다른 나무의 뿌리가 얽혀 있었다.

서로 얽혀 있는 대나무의 땅속 줄기

하지만 캡모자 쌤은 그 모습을 보고도 태연한 표정이었다.

"원래 대나무 뿌리는 바깥으로 드러나서 자라기도 한단다."

"선생님, 이상해요. 두 대나무의 뿌리가 서로 연결되어 있는 것 같아요."

내가 고개를 갸웃거렸다.

"그렇지? 그런데 정확하게 말하면 이것들은 대나무의 뿌리가 아니라 줄기란다. 땅속에서 줄기가 자라는 것이 신기하지? 땅속 줄기에서 또 다른 대나무가 자라기 때문에 두 대나무의 줄기가 서로 연결되어 있는 거야. 줄기들이 그냥 얽혀 있는 게 아니라 같은 줄기에서 여러 개의 대나무가 자라는 걸 관찰할 수 있어."

"연결된 땅속 줄기에서 또 다른 대나무가 자란다고요? 어떻게 그럴 수 있지요?"

내가 놀라서 다시 물었다. 아이들 모두 캡모자 쌤의 대답을 기다렸다.

"사과나무 같은 경우에는 암술과 수술이 있어야 수분이 되고 열매

수정 없이
번식하는
생물도 있어.

를 맺지. 그런데 수정이나 수분 없이 자손을 만드는 생물도 있어. 바닷가에 사는 말미잘이나 산에서 자라는 버섯, 그리고 우리가 지금 보고 있는 대나무 등이 수정이나 수분을 거치지 않고 자손을 만들 수 있단다. 자신의 몸 일부가 그대로 다시 생명이 되지."

"수정 없이 생명이 태어난다고요? 믿을 수 없어요!"

종아도 처음 듣는 모양이었다.

"그렇다면…… 같은 줄기에서 자라난 두 대나무는 서로 유전자가 같아요?"

내 질문에 캡모자 쌤의 눈이 동그래졌다.

"맞아. 내가 지금 막 그 이야기를 하려고 했단다. **수정 없이 자손을 만드는 경우에는 자손의 유전자가 원래의 유전자와 똑같아.** 그 때문에 이런 유전 방법에는 단점이 있단다."

캡모자 쌤의 설명은 내가 생각한 그대로였다.

"어떤 게 단점이에요?"

종아가 다시 물었다. 그건 나도 궁금했다. 캡모자 쌤이 빙긋 웃으며 대답했다.

"글쎄. 그건 너희들 스스로 답을 찾아볼래? 생각해 보고 모르겠으면 선생님에게 물어보렴. 곧 날이 저물겠네. 오늘은 학교에 들르지 말고 바로 집으로 가도록 하자."

주변이 어둑어둑해졌다. 이야기를 나누다 보니 시간 가는 줄 몰랐던 것이다. 우리는 인사를 나누고 각자 집으로 향했다. 나는 집으로 돌아가는 동안 캡모자 쌤이 내준 숙제를 계속해서 생각했다. 멋지게 해결해서 종아 앞에서 뽐내고 싶었기 때문이다.

"엄마, 다녀왔습니다."

"도시락은 잘 먹었어? 오늘은 재밌었니?"

"네."

"자세히 얘기 좀 해 봐. 무슨 생각을 그렇게 하니?"

내가 아무 말 없는 게 이상했는지 엄마가 말을 걸었다. 사실 나는 내내 캡모자 쌤이 내준 숙제를 생각하고 있었다.

"엄마, 대나무는 하나의 땅속 줄기에서 두 개, 아니 여러 개의 대나무가 자라요. 아세요?"

"응, 알지."

"그래서 한 줄기에서 나온 대나무들은 모두 유전자가 같대요."

"그렇겠구나. 오늘 식물이 어떻게 유전되는지 배웠나 보네?"

"네. 그런데 유전자가 후손에게 똑같이 전달되는 것은 단점이래요. 왜 그럴까요?"

나는 은근슬쩍 물어보았다.

"글쎄다. 저녁 먹으면서 생각해 보자꾸나."

엄마도 나와 같이 고개를 갸웃하면서 저녁상을 가져왔다. 내가 좋아하는 미역국이 예쁜 그릇에 담겨 있었다. 하지만 한 숟갈을 뜨자 나도 모르게 표정이 일그러졌다.

"엄마, 국이 밍밍해요."

내가 평소에 먹던 미역국 맛이 아니었다.

"싱겁지? 간장이 없어서 간을 못 맞춰서 그래. 이사 오면서 간장 챙기는 것을 깜빡했는데 주변에 간 장을 살 데가 없더라. 내 일도 먹으려고 좀 많이 끓였는데 큰일이네. 일 단 오늘은 그냥 먹고 내 일 석이네 가서 간장을 좀 얻어 와야겠어."

국이 싱거워요.
엄마 것도
그래요?

엄마가 걱정스럽게 말했다.

"그럼 엄마가 지금 드시는 미역국도 싱겁겠네요?"

나는 엄마의 국그릇에 담긴 미역국을 바라보았다.

"당연하지. 똑같은 국인데 어디에 담아도 맛이 똑같지 않겠어?"

"다른 양념을 섞지 않는 이상 맛이 똑같은 거네요?"

내가 커다란 냄비를 보면서 물었다

"당연하지. 너도 참 싱겁긴."

내가 엉뚱한 질문을 한다고 생각하시는 것 같았다. 하지만 나는 작은 단서를 찾은 것 같아서 기뻤다.

"엄마, 알 것 같아요. 수정 없이 번식할 때 생기는 단점 말이에요."

"그게 뭔데?"

"잘 들어 보세요. 미역국의 싱거운 맛을 유전자로 생각해 봤어요."

내 말을 듣고 엄마가 고개를 갸웃했다. 그러더니 살짝 미소 지으며 말을 덧붙였다.

"그럼 미역국 냄비와 네 국그릇, 그리고 엄마의 국그릇은 각각 하나의 생명체구나. 같은 국을 덜었으니까 똑같은 유전자를 가지고 있는 셈이고."

"네. 수정 없이 번식하는 생물처럼 말이에요! 맛이 없는 미역국은 다른 재료가 섞이기 전에는 계속 맛이 없잖아요. 그것처럼 **수정을 하지 않고 생기는 생물이 만약 질병에 약하다면……**"

확률로 유전의 비밀을 풀어라!

"그 후손도 똑같이 그 질병에 약할 수밖에 없겠네. 원래의 유전자와 똑같은 유전자를 가지니까 말이야.

그러고 보니 치명적인 단점인걸."

내가 하려던 말을 엄마가 대신 해 주었다.

유전자가 같으면 단점이 있네.

"선생님이 말씀하신 단점이 그거였구나! 히히. 엄마가 싱거운 국을 끓여 준 덕분에 궁금증이 쉽게 해결됐어요."

"뭐라고? 요 녀석. 하하. 말이 나온 김에 석이네 가서 간장 좀 빌려 올래? 내일 아침에 맛있는 미역국을 먹고 싶으면 말이야."

"네."

나는 옷을 챙겨 입고 석이네 집으로 향했다. 그런데 산속으로 몇 발자국 들어서자 쿵쾅거리는 소리가 들렸다.

'쾅쾅쾅! 쾅쾅쾅!'

귀를 기울여 보니 학교 뒷문 쪽에서 나는 소리였다.

'무슨 소리지? 누가 산속에 집을 짓는 건가?'

나는 잠시 심부름을 잊고 소리가 나는 쪽으로 다가갔다.

'슥삭슥삭.'

가까이 다가가니 대패질하는 소리도 났다. 학교 뒷문에 다다르자 커다란 천막 앞에 익숙한 뒷모습이 보였다.

"선생님?"

"어? 유정이구나. 못질하는 소리를 듣고 왔니?"

"네. 선생님, 여기서 뭐 하세요?"

캡모자 쌤은 기다란 나무로 팻말을 만들고 거기 글씨를 새기고 있었다. 간판을 만드는 모양이었다.

"선생님이 오늘부터 고민 상담소를 운영하기로 했다. 자, 이거 좀 봐 줄래?"

캡모자 쌤이 '고민 상담소'라고 적힌 간판을 내밀었다.

"사람도 얼마 살지 않는 곳에서 무슨 고민 상담소예요? 고민이 상담한다고 없어지는 것도 아닌데……."

고민 상담소를 차렸단다.

나는 고개를 갸웃거렸다. 하지만 캡모자 쌤은 고개를 가로저으며 말했다.

"유정아, 마음을 터놓는 것만으로도 훨씬 편안해진단다. 처음에

확률로 유전의 비밀을 풀어라!

는 말하기 어렵겠지만 해결책을 함께 생각하다 보면 고민이 풀릴 수도 있지 않겠니? 선생님은 세상 모든 사람들이 고민 없이 살았으면 좋겠구나. 고민이 있는 사람은 누구라도 고민 상담소로 오라고 마을 사람들에게도 이미 말해 두었단다."

캡모자 쌤이 조금 심각한 표정으로 말했다.

"네. 그런데 혹시…… 선생님도 고민이 있으세요?"

"뭐? 나? 아…… 아니. 내가 무슨 고민이 있겠니? 하하하, 너도 참. 여기 이 간판 다는 것 좀 도와줄래?"

캡모자 쌤의 목소리가 조금 떨렸다.

"네."

나는 캡모자 쌤의 눈치를 살피며 간판을 함께 달았다. 그때 우리 뒤에 인기척이 느껴졌다. 뒤를 돌아보니 한 할머니가 이쪽을 보며 조심스레 걸어오고 있었다.

"여기가 고민 상담소인가요?"

할머니가 조심스럽게 말을 꺼냈다.

"네, 맞습니다. 무슨 고민이 있어서 찾아오셨나요? 안쪽으로 들어오시죠."

캡모자 쌤이 친절하게 할머니를 맞이했다.

"유정아!"

고민 상담소를 찾아왔는데….

그때 멀리서 내 이름을 부르는 소리가 들렸다. 종아였다. 종아도 망치질 소리를 따라왔나 보다. 그런데 할머니는 종아가 다가오는 것을 보더니 깜짝 놀라 몸을 숨겼다.

"선생님, 저는 다음에 다시 오겠습니다."

할머니는 서둘러 말을 남기고 황급히 되돌아갔다.

"종아를 보고 왜 놀라셨을까요?"

"글쎄다. 무슨 고민이시지?"

캡모자 쌤과 나는 무슨 영문인지 몰라 서로 멀뚱멀뚱 바라보기만 했다.

확률로 유전의 비밀을 풀어라!

수정 없이 번식하는 생물

　생물은 번식을 통해 다음 세대에 자신의 유전자를 전합니다. 암컷의 생식 세포인 난자와 수컷의 생식 세포인 정자가 결합하여 수정란이 되고, 그 수정란이 하나의 개체가 됩니다. 식물의 경우 수술의 꽃가루가 암술머리에 옮겨 가서 수분합니다. 이처럼 암수의 생식 세포가 결합하는 방식을 유성 생식이라고 해요.

　반면, 암수의 수정 없이 번식하는 생물도 있습니다. 미역, 다시마, 김과 같은 조류나, 이끼 등의 선태식물, 고사리 같은 양치식물은 한 개체의 생식 세포가 그대로 새로운 개체로 자랍니다. 이 방식을 무성 생식이라고 합니다. 무성 생식으로 만들어진 개체는 당연히 앞 세대와 똑같은 유전자를 지닙니다. 유성 생식을 하는 식물 중에도 무성 생식(영양 생식)으로 번식하는 경우를 볼 수 있어요. 선인장의 싹눈이나 감자의 덩이줄기 일부를 떼어 따로 심으면 새로 뿌리를 내리고 하나의 개체가 됩니다.

선인장의
무성 생식

3 아들이 태어날 가능성

나도 어느새 섬마을에 많이 적응했다. 맑은 공기와 푸른 바다를 매일 만날 수 있다는 건 기분 좋은 일이다. 하지만 마음에 들지 않는 점을 하나 고르라면 바로 화장실이다. 화장실이 집 바깥에 있어서, 마당을 가로질러 열 발자국이나 걸어 나가야 담벼락에 붙어 있는 조그만 화장실에 겨우 도착할 수 있다. 평소에도 불편하지만 새벽에 잠에서 깼을 때 화장실에 가고 싶으면 정말 낭패다. 하지만 오늘도 새벽에 잠에서 깼다. 어두운 방에서 희미하게 보이는 시곗바늘이 4시를 가리키고 있다. 배가 살살 아픈 것이 심상치 않았다.

'아, 또야? 정말 밖에 나가기 무서운데……'

어두컴컴한 밤에 화장실까지 걸어가는 건 공포 영화보다 더 오싹

하다. 새벽 공기가 얼마나 찬지 잘 알기 때문에 더 망설여졌다.

'화장실에 갈까? 그냥 누워 잘까?'

나는 수십 번 고민하다가 결국 나가기로 했다.

"으아, 추워."

밖은 쌀쌀하고 어두컴컴했다. 나는 다른 곳은 돌아보지 않고 화장실만 보고 빨리 걸었다. 그런데 그때 낮은 울타리 너머로 뭔가가 휙 지나갔다.

"앗! 뭐야?"

이 새벽에 어딜 가시는 거지?

3. 아들이 태어날 가능성

나도 모르게 비명이 튀어나왔다. 잠시 숨을 돌리고 천천히 고개를 돌려 그쪽을 바라보았지만 아무것도 보이지 않았다. 귀신인 것만 같아서 도저히 화장실에 갈 수 없었다. 나는 방으로 들어와 다시 이불을 뒤집어썼다.

'아! 나는 이 섬이 정말 싫어.'

나는 해가 뜰 때까지 배를 움켜잡고 있다가 날이 밝자마자 화장실로 뛰어갔다. 그날은 잠을 설친 탓에 낮에도 내내 졸렸다.

그런데 나는 그다음 날에도 우연히 같은 시각에 눈을 뜨고 말았다.

'으, 오늘도 4시네. 하지만 어제처럼 내내 참다가 잠까지 설칠 수는 없어. 용기 내서 나가자.'

나는 앞만 보고 화장실에 갔다가 다시 방으로 향했다. 그런데 그때 전날처럼 움직이는 무언가가 또 보였다. 이번엔 두려움보다도 호기심이 컸다. 나는 움직임을 따라 눈을 움직였다. 다시 보니 고민 상담소에 오셨던 할머니다. 할머니는 잰걸음으로 산을 오르고 있었다.

'아니, 이 새벽에 어딜 가시는 거지? 따라가 볼까?'

나는 몸을 수그리고 조용히 집을 나서서 할머니의 뒤를 쫓았다. 다행히 할머니는 한 번도 뒤돌아보지 않았다. 그리고 뒷산 중턱쯤에 있는 큰 바위 앞에서 드디어 걸음을 멈췄다. 나는 들킬까 봐 급히 나무 뒤에 몸을 숨겼다.

"비나이다. 비나이다. 이번에는 꼭 아들을 낳게 해 주십시오."

할머니는 두 눈을 꼭 감고 한참 기도를 했다. 나는 계속 숨을 죽이고 나무 뒤에서 할머니를 지켜봤다. 지금 움직이면 할머니가 눈치챌 것 같아서 그 자리에 있을 수밖에 없었다. 그때 갑자기 할머니가 눈을 크게 뜨고 내 쪽을 바라봤다.

"거기 있는 거 다 안다. 왜 나를 졸졸 쫓아온 거냐?"

갑작스러운 말에 나는 숨이 멎는 줄 알았다.

"힉! 깜짝 놀랐잖아요. 그런

비나이다. 손자를 낳게 해 주세요.

데 할머니, 제가 따라오는 걸 처음부터 알고 계셨어요?"

나는 놀란 가슴을 쓸어내리며 나무 뒤에서 나왔다.

"그럼. 그렇게 헉헉대면서 따라오는데 그걸 모르겠니? 그나저나 왜 따라온 거야? 부정 타게 말이야. 여자가 끼면 삼신할머니께서 내 기도를 들어주시지 않는단 말이다!"

할머니가 나를 꾸짖듯이 말했다.

"무슨 말씀이세요? 여자가 끼면 안 된다니요?"

나는 할머니가 여자를 무시하는 것 같아서 기분이 나빴다.

"할머니는 왜 손자를 원하시는 거예요?"

나는 아들만 원하는 할머니를 이해할 수가 없었다.

"우리 집에는 손녀만 벌써 다섯이다. 그러니 누가 우리 집안의 대를 잇겠니? 딸들이야 모두 다른 데로 시집가 버리면 그만이지. 집 안에는 역시 남자가 있어야 하는 법이야."

할머니가 큰 소리로 말했다.

"할머니, 그럼 지난번에 고민 상담소에 찾아오신 이유도……?"

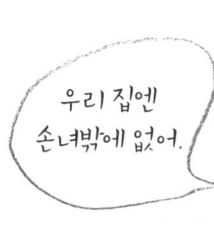

우리 집엔 손녀밖에 없어.

할머니가 고민 상담소를 찾았던 이유도 바로 그것 때문일 것 같았다.

확률로 유전의 비밀을 풀어라!

"맞다. 그랬지. 새로 온 학교 선생님이 생물에 대해서 많이 연구하신다기에 아들을 낳을 수 있는 방법을 물어보려고 했지."

"그런데 왜 종아를 보자마자 허겁지겁 돌아가셨어요?"

"종아가 이 사실을 알면 얼마나 서운해하겠냐? 지 할미가 매일 손자만 원하고 있으면 마음이 좋지 않겠지. 그래서 종아를 보자마자 자리를 피했다."

"네? 할머니, 종아의 친할머니세요?"

"그래."

나는 할머니가 종아네 할머니라는 사실에 깜짝 놀랐다. 손자를 원하면서도 손녀를 생각하는 마음도 의아했다. 나는 할머니께 남자 아이가 태어날 가능성을 높이는 방법은 없다는 사실을 알려 드리고 싶었다. 그리고 가능하면 손자만 원하는 할머니의 마음을 바꾸고 싶기도 했다.

"그런데 할머니, 할머니께서 아무리 기도하셔도 남자가 태어날 가능성이 높아지진 않아요."

"네가 잘 모르는 모양인데, 이 바위에 기도해서 아들 낳은 사람이 꽤 많단다. 그래서 나도 열심히 기도하는 중이고……."

할머니는 바위에 기도를 하면 남자 아이를 낳는다고 굳게 믿고 있었다. 내가 잠시 생각하는 동안 할머니가 말씀을 이었다.

"네가 종아 친구 유정이지? 서울에서 새침한 아이가 왔다더니 딱 그렇구나."

할머니는 종아의 말이 사실이라는 것처럼 껄껄 웃었다.

'뭐야, 나 보고 새침하다고? 자기는 잘난 척 대장이면서. 참 나.'

할머니에게 내 흉을 본 종아를 떠올리니 얄밉고 괘씸했다. 하지만 이대로 넘어갈 수는 없었다.

"할머니, 제가 남자와 여자가 태어날 가능성에 대해서 알려 드릴게요."

나는 서운한 마음을 가라앉히고 차근차근 설명하려고 했다.

"시끄럽다. 조그만 녀석이 뭘 안다고 그래? 그리고 일어나지도 않은 일을 네가 어떻게 안단 말이냐?"

할머니는 내 말을 뒤로하고 길을 따라 내려갔다.

"가능성을 따져 보면 돼요! 할머니는 내일 해가 뜰 거라고 생각하세요?"

할머니, 내일 해가 뜰까요?

확률로 유전의 비밀을 풀어라!

나는 할머니를 쫓아가며 다짜고짜 물어보았다. 어디선가 들은 지식들을 총동원하기로 했다.

"갑자기 그게 무슨 뚱딴지 같은 소리냐? 해는 매일 뜨고 매일 진다. 당연히 내일도 해가 뜨지."

할머니는 걸음을 멈추고 대답했다. 나의 질문이 어이없다는 표정이었다. 나는 아랑곳하지 않고 말을 이었다.

"바로 그거예요. **항상 어떤 일이 일어날 것으로 기대할 때 가능성이 100퍼센트라고 얘기하고, 그건 무조건 일어나는 일을 뜻해요.** 이런 식으로 지난 경험을 통해서 미래에 일어날 일을 예측하는 것이 가능해요. 또 그것을 숫자로 나타내서 크기 비교도 할 수 있고요."

막상 말을 꺼내니 설명이 쉽게 나왔다. 나는 자신 있게 두 번째 질문을 던졌다.

"그럼 할머니, 내일 하늘에 구름이 낄 거라고 생각하세요?"

이번에는 다른 질문을 했다.

"당연히 구름도 끼겠지. 아니다. 잠깐만. 맑은 날에는 구름이 없으니…… 이건 좀 생각해 봐야겠는데."

쉽게 대답하려던 할머니가 멈칫하더니 발걸음을 멈췄다. 그리고 말씀을 이어 나갔다.

"글쎄. 요즘 같은 날씨에는 구름이 끼는 경우가 별로 없지. 거의 매일 하늘이 맑고 푸르거든. 한 달에 한 열 번쯤이나 흐리려나?"

할머니는 그동안의 경험을 바탕으로 말씀하시는 것 같았다. 내가 다시 나섰다.

"한 달을 30일로 생각하면 맑은 날은 20일, 흐린 날은 10일 정도 될 거예요. 이 두 수를 비교하기 위해서 비로 나타낼게요. **비는 두 가지 양이나 크기를 비교하기 위해서 기호 : 를 사용해서 나타낸 것이에요. (맑은 날 수):(흐린 날 수)로 나타내면 20:10이 되지요.**"

할머니가 희미하게 고개를 끄덕였다. 나는 말을 계속했다.

"비는 양쪽을 0이 아닌 수로 똑같이 나누어 줘도 돼요. 20:10의 양쪽을 10으로 나누면 2:1이 되지요. (맑은 날 수):(흐린 날 수)를 2:1의 비로 나타낼 수 있어요."

"2:1로 나타내는 게 무슨 뜻인데?"

할머니가 물었다.

"이틀이 맑은 날이면 하루는 흐린 날이라는 뜻이에요. 하루가 흐린 날이었으면 이틀은 맑은 날이 될 거라고 말해도 되고요. 맑은 날 수가 흐린 날 수의 두 배이니까 맑은 날이 될 가능성이 흐린 날이 될 가능성의 두 배라는 뜻이에요."

할머니는 아까보다 고개를 더 크게 끄덕였다.

"그렇구나. 그런데 대체 무슨 말이 하고 싶은 거냐?"

"1년 동안 태어나는 남자 아기와 여자 아기의 수도 이렇게 비로 나타낼 수 있을 거예요. 그런데 **남자 아기와 여자 아기가 태어나는**

수가 거의 비슷하기 때문에 (남자의 수):(여자의 수)의 비는 1:1이라고 나타낼 수 있어요. 여자아이 한 명이 태어날 때 남자아이 한 명이 태어난다는 거죠. 즉, 남자와 여자가 태어날 가능성이 똑같다는 뜻이에요."

내 말을 듣고 할머니가 고개를 갸웃거렸다.

"그래, 말 한번 잘했다. 비가 1:1이면 가능성이 똑같은 거라고? 우리 마을에는 학교 선생님을 포함해서 남자가 모두 6명이야. 그리고 너와 나를 포함해서 여자가 모두 18명이다. 우리 집에도 손녀만 많으니까 말이다. 그럼 (남자의 수):(여자의 수)를 6:18로 나타낼 수 있겠구나. 여기서 같은 수로 나눠도 된다고 했으니까 양쪽을 6으로 나누면 1:3이 되는 거 맞지? 이건 네가 말한 1:1과는 다르지?"

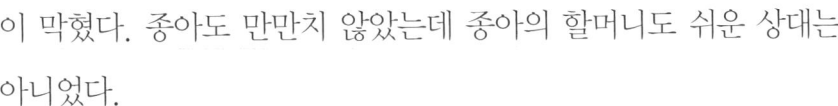

나는 할머니의 계산에 말문이 막혔다. 종아도 만만치 않았는데 종아의 할머니도 쉬운 상대는 아니었다.

"할머니, 그건 지인도의 사람들만 조사했기 때문이에요. 우리나라나 세계의 출생 인구 정도 되는 많은 사람을 조사하면 1:1에 가깝게 나와요."

"그래, 그렇다고 치자. 하지만 우리 집에서는 계속 손녀만 태어났어. 종아가 네 번째 딸이라고. 그러니까 당연히 다섯 번째도 딸이 나올 가능성이 많지 않겠니?"

"아니에요, 할머니. 딸인지 아들인지 결정되는 경우는 매번 따로따로예요. 두 경우는 서로 영향을 미치지 않거든요. 딸이 한 번 태어났다고 다음에도 딸이 태어나는 건 아니라니까요."

나는 내가 아는 걸 자세히 설명할 수 없어서 마음이 답답했다. 할머니는 내 말이 못 미덥다는 표정을 짓고 다시 길을 걸어 내려갔다. 나는 할머니를 따라가면서 예를 들어 설명할 것이 없나 주변을 두리번거렸다. 그러는 사이 할머니와 나는 우리 집 마당 근처까지 내려왔다. 그때 마침 바지 주머니에 넣어 둔 동전이 떠올랐다.

앞면, 뒷면이 나올 가능성도 1 : 1 이었어.

확률로 유전의 비밀을 풀어라!

    '동전을 던졌을 때 앞면이 나오는 경우와 뒷면이 나오는 경우를 비로 나타내면 1:1로 같잖아. 그걸 활용해서 남자와 여자의 비를 설명해야지.'

    나는 할머니를 우리 집 마당으로 끌어당겼다.

    "할머니, 동전 던지기로 말씀드릴게요. 저희 집 마당에서 잠깐 쉬면서 얘기 좀 들어 보세요."

    할머니는 망설이더니 나를 따라 들어왔다. 내 말이 궁금해서가 아니라 잠깐 쉬시려는 것 같았다. 나는 할머니의 맘이 바뀌기 전에 주머니에 있는 동전을 꺼내 들었다.

"할머니, 앞면이 나오면 아들, 뒷면이 나오면 딸이라고 해 볼게요."

나는 주머니에 있는 동전을 던져 앞면이 나오면 O, 뒷면이 나오면 X를 그리기로 했다. 쉬지 않고 동전을 여섯 번 던졌다. 순서대로 뒷면, 앞면, 뒷면, 뒷면, 앞면, 뒷면이 나왔다. 내가 땅바닥에 X, O, X, X, O, X를 그렸다. 할머니는 내 모습을 물끄러미 보고 있었다.

"할머니, 지금까지 딸, 아들, 딸, 딸, 아들, 딸이 나왔어요. 그럼 다음에는 뭐가 나올까요?"

나는 동전을 다시 집어 들고 할머니에게 물었다. 그러자 할머니가 되물었다.

"그거야 나도 모르지. 다음에 동전이 어떻게 나올지 누가 아니?"

그 말을 듣고 내가 손뼉을 쳤다. 내가 바라던 대답이었다.

"맞아요! 바로 그거예요. **아들과 딸이 나오는 가능성은 그 어느 것에도 영향을 받지 않고 항상 같아요. 앞서 딸이 나왔다고 해서 그다음에도 딸이 나오는 것이 아니라, 아들과 딸이 태어날 가능성은 똑같다고요.**"

"음……."

할머니가 눈을 천천히 깜빡이며 생각에 잠겼다.

"그래, 그 말은 알겠다. 그런데 네가 바닥에 표시한 걸 비로 나타내면 앞면이 두 번, 뒷면이 네 번이잖니. (앞면이 나온 횟수):(뒷면이 나온 횟수)는 2:4니까 1:2고. 그럼 이번에도 1:1이 아니지 않느냐?"

할머니는 바닥에 그려진 표를 보며 말했다. 나는 아까보다 더 답답해졌다. 하지만 차분하게 다시 설명하기로 했다.

"지금은 딱 여섯 번만 던져서 그래요. 동전을 많이 던질수록 1:1에 가까워져요. 지인도에 있는 사람만 조사해서는 1:1이 안 나오지만 세계의 남녀 출생 인구를 조사하면 1:1이 나오는 것처럼요. 안 믿기시면 집에서 해 보셔도 좋아요. 네?"

할머니가 고개를 천천히 끄덕였다. 그러다가 다시 고개를 가로저었다.

"그런데 유정아, 나는 아무래도 아들과 딸이 태어나는 것이 동전 던지기와 똑같다는 걸 믿을 수가 없구나. 성별이 정해지는 가능성과 동전을 던져 앞면이나 뒷면이 나올 가능성이 똑같다는 거니?"

"그건……."

성별도
동전 던지기처럼
결정된다고?

역시 종아의 할머니는 보통이 아니었다. 나는 비가 1:1일 때 가능성이 똑같다는 것만 생각했지, 성별이 왜 1:1로 나오는지는 생각해 보지 않았다.

"내 이럴 줄 알았다. 시간 낭비만

할 줄 알았어. 난 이만 내려가 봐야겠구나."

결국 나는 할머니의 마음을 바꾸기는커녕 남자와 여자가 태어날 가능성이 똑같다는 것도 제대로 설명하지 못했다.

'캡모자 쌤에게 물어봐야지.'

나는 밥을 먹는 둥 마는 둥 하고 학교로 달려가서 캡모자 쌤을 찾았다. 캡모자 쌤은 학교 울타리 주변의 잡초를 정리하고 있었다. 오늘은 다른 아이들도 일찍 나와서 돕고 있었다. 나는 재빨리 캡모자 쌤에게 뛰어갔다.

"헉헉. 선생님, 남자와 여자가 태어날 가능성은 똑같죠? 맞아요? 자세히 좀 알려 주세요. 정말 급해요."

캡모자 쌤도 종아도 쌍둥이도 모두 놀라며 일제히 나를 바라봤다.

"유정아, 아침부터 웬 질문이야? 누구랑 내기라도 했어?"

종아가 물었다.

"으음…… 그게 그냥 아침부터 궁금하더라고. 너는 안 궁금해?"

나는 종아에게 할머니 이야기를 꺼낼 수 없어서 그냥 얼버무렸다.

"음…… 사실 나도 궁금해. 우리 집에는 딸만 넷이거든. 우리 할머니는 내가 손자이길 바라셨대. 그래서 곧 태어날 내 동생이 아들이길 바라시더라."

종아가 작게 중얼거렸다.

"물론 남자와 여자가 태어날 가능성은 똑같지. 그리고 **사람의 성별은 염색체에 따라 결정된단다.**"

캡모자 쌤이 다가오면서 말했다.

"염색체? 그게 뭔데요?"

"선생님, 사람은 유전자에 의해 모습이 결정되잖아요. 그럼 남자와 여자도 유전자로 결정되는 것 아니에요?"

석이와 혁이가 동시에 물었다.

성별도 유전자로 결정되죠?

"맞아. 유전자가 남자인지 여자인지를 결정하지."

캡모자 쌤이 싱긋 웃으면서 말했다. 종아가 답답하다는 듯이 다시 물었다.

"뭐예요, 선생님? 염색체라고 하셨다가 유전자라고 하셨다가. 그 중에 뭐가 맞는데요?"

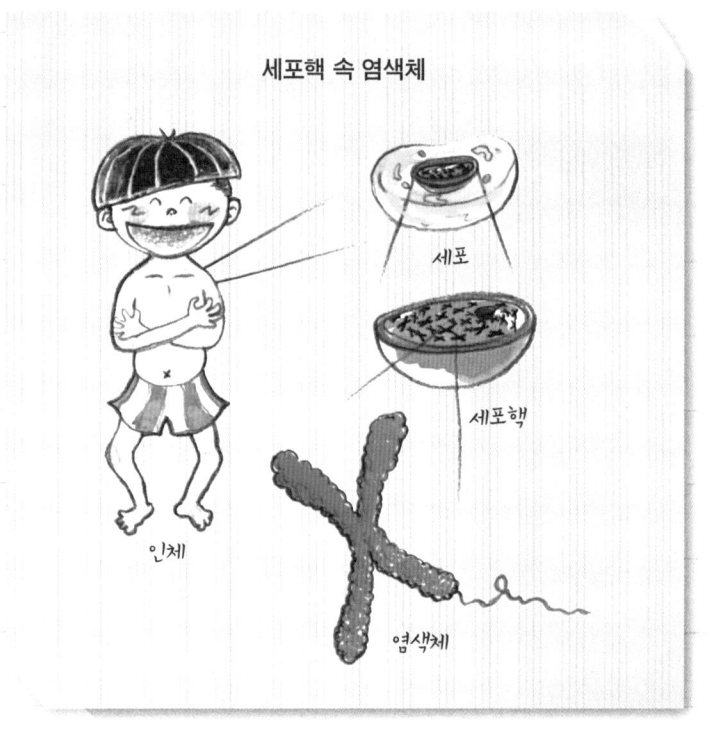

세포핵 속 염색체

세포

세포핵

인체

염색체

"유전자가 염색체 속에 들어 있어. 그러니 둘 다 맞는 얘기지. 염색체가 뭔지 궁금하지? 교실에 들어가서 자세하게 살펴보도록 하자."

우리는 캡모자 쌤을 따라 교실로 향했다. 캡모자 쌤은 그림이 그려진 낡은 종이 두 장을 들고 왔다.

"너희들, 세포에 대해서는 알고 있지?"

"네. 하나의 수정란이 분열해 세포가 늘어나요."

나는 지난번에 배운 내용을 떠올리며 대답했다.

확률로 유전의 비밀을 풀어라!

"맞다. 그렇게 하나의 세포가 수많은 세포로 불어나서 사람이 되었을 때 세포의 개수는 대략 60조 개에 이르지. **우리의 몸이 60조 개의 세포로 구성된 거야. 그 모든 세포에 바로 염색체가 들어 있단다."**

"**그리고 세포에 들어 있는 염색체 안에 유전자가 있는 거군요.**"

혁이가 캡모자 쌤의 말을 이었다. 캡모자 쌤이 혁이를 보고 고개를 끄덕이면서 가져온 낡은 종이 두 장을 펼쳐 보였다. 그림 속에는 처음 보는 형태가 그려져 있었다. 동글동글 길쭉한 모습이 애벌레처럼 보이기도 했다.

"그러니까 이게 우리 몸속에 있다는 건가요?"

석이가 신기하다는 듯이 물어보았다.

"그렇지. 사람의 몸속 세포 안에 이러한 염색체가 존재하지. 이 그림은 하나의 세포에 들어 있는 염색체를 따로따로 꺼내서 늘어놓은 모습과 같아. 하나의 세포 안에 몇 개의 염색체가 있는지 살펴볼까?"

말이 떨어지기 무섭게 석이와 혁이가 그림 속 염색체 개수를 세기 시작했다. 나와 종아도 천천히 염색체의 개수를 셌다.

"하나, 둘, 셋, ……, 마흔다섯, 마흔여섯! 선생님 염색체가 모두 46개예요!"

석이가 먼저 외쳤다.

"제대로 셌구나. **사람의 염색체 개수는 모두 46개란다. 모두 2개씩**

사람의 염색체는 두 개씩 쌍을 이루고, 전체 46개예요.

쌍으로 이루어져 있지. 그래서 모두 23쌍이야. 이 46개의 염색체 안에 존재하는 수많은 유전자가 사람의 형질을 결정하지."

"그럼 남자인지 여자인지도 이 염색체 속 유전자로 결정되나요?"

"그래. 여기 맨 끝에 표시한 염색체의 형태를 보면 알 수 있단다. 이 두 개의 염색체가 사람의 성을 결정하는 성염색체이거든. 성염색체는 두 가지야. 크기가 큰 것을 X염색체, 작은 것을 Y염색체라고 부르지. X염색체와 X염색체가 만나 염색체 쌍이 XX를 이루는

확률로 유전의 비밀을 풀어라!

경우에 여자가 되고, X염색체와 Y염색체가 만나서 염색체 쌍이 XY를 이루면 남자가 돼."

우리는 캡모자 쌤의 말을 듣고 성염색체 부분을 살펴봤다.

"그럼 여자는 염색체 쌍 XX를 가지고 있고, 남자는 염색체 쌍 XY를 가지고 있는 거네요."

종아가 내용을 깔끔하게 정리했다. 그런데 석이는 여전히 그림을

뚫어져라 보고 있었다.

"석아, 잘 모르겠니?"

"……왜 YY인 염색체는 없어요?"

"맞아요. YY도 나올 수 있을 텐데……. 그때는 남자도 아니고 여자도 아니에요?"

나도 석이의 말에 질문을 보탰다. 염색체 쌍 XX, XY가 있는데 YY가 없는 게 이상했다.

"자, 너희에게 힌트를 줄게. 엄마와 아빠의 염색체가 자식에게 전해질 때는 쌍으로 된 염색체 중에 각각 한 개씩만 전해진단다."

"정말요?"

"그래. 아까 사람의 염색체가 46개라고 했잖니? 만약에 엄마와 아빠의 염색체가 모두 전해진다면 자식의 염색체 수는 몇 개가 되겠니?"

"46+46=92. 92개요? 어? 사람의 염색체 수는 46개잖아요."

부모님의 염색체가 반씩 전해져.

확률로 유전의 비밀을 풀어라!

"그래. 사람의 염색체는 항상 23쌍, 46개를 유지해야 해. **염색체는 엄마와 아빠에게서 각각 46개의 반인 23개씩 전해진단다.**"

'그래서 엄마가 유전자의 반이 나에게 전해졌다고 하셨구나.'

나는 가만히 고개를 끄덕였다.

"X염색체와 Y염색체로 이루어진 성염색체 쌍도 마찬가지로 반씩 전해져. 자, 이렇게 표로 그려 보면 쉽게 알 수 있을 거야."

캡모자 쌤이 칠판에 작은 표를 그렸다.

X염색체와 Y염색체

3. 아들이 태어날 가능성

"남자는 XY 성염색체를 가지고 있고, 여자는 XX 성염색체를 가지고 있다고 했지? 즉, 아빠는 XY, 엄마는 XX를 갖는단다. 그리고 자식의 성염색체는 엄마와 아빠로부터 한 개씩 전해진 염색체의 조합으로 만들어져."

"음…… 그런데요, 아빠는 X염색체랑 Y염색체를 다 줄 수 있는데 엄마는 X염색체밖에 주지 못하네요."

아빠에게 물려받는 염색체에 달렸네요!

종아가 표를 보며 중얼거렸다.

"그렇지. 엄마가 가지고 있는 두 개의 성염색체는 모두 X염색체니까. 따라서 **아빠는 X와 Y 두 가지 염색체를 모두 전해 줄 수 있는 반면, 엄마는 X염색체 한 가지만 전해 줄 수 있어.** 그래서 YY 염색체 쌍은 나올 수 없단다."

"아빠에게서 X염색체가 전해지면 XX인 딸이 되고 Y염색체가 전해지면 XY인 아들이 되는 거네요. 그럼 아빠가 성별을 결정하는

확률로 유전의 비밀을 풀어라!

거예요?"

석이가 묻자 캡모자 쌤이 손사래를 쳤다.

"물론 아빠가 전해 주는 염색체에 따라 성별이 결정되지. 하지만 어떤 염색체가 전해질지는 아빠도 모른단다. 다만 X염색체가 전해 질 가능성과 Y염색체가 전해질 가능성이 똑같다는 것만 알지. 동전을 던질 때 앞면이 나오거나 뒷면이 나올 가능성이 같은 것과 마찬 가지야. 그래서 남자와 여자가 태어날 가능성이 거의 같지."

나는 아침에 내가 한 설명이 틀리지 않았다는 사실에 안도의 한숨을 내쉬었다. 그래도 여전히 궁금증은 남아 있었다.

"선생님, 그런데 정말 남자 아기와 여자 아기가 비슷한 숫자로 태어나요? 증거가 될 만한 자료가 있을까요?"

"그럼. 자, 이 표를 보거라."

캡모자 쌤이 또 다른 종이를 꺼냈다. 2006년부터 2011년까지의

출생 연도	출생 인구수	남 자	여 자
2011	451,579	231,954	219,625
2010	470,224	242,646	227,578
2009	445,437	229,427	216,010
2008	466,807	240,304	226,503
2007	494,388	254,298	240,090
2006	448,774	232,133	216,641

출생 인구수가 적힌 표였다.

"선생님이 예전에 뉴스를 보고 적어 둔 거란다. 어때? 실제로 남자와 여자가 태어나는 비가 1:1에 가깝지?"

표를 보니 정말 남자와 여자의 출생 비가 거의 비슷했다. 하지만 남자의 수가 조금씩 많은 게 맘에 걸렸다. 그때 종아가 먼저 물었다.

"선생님, 그런데 자세히 보면 매해 남자가 여자보다 조금씩 더 많은데요, 왜 그런 거예요?"

가만 보면 종아는 항상 그냥 넘어가지 않고 정확하게 질문한다. 가끔은 얄밉지만 궁금한 걸 감추지 않는 태도는 부러웠다.

"종아가 자세히 살펴봤구나. 실제로 남자의 출생 인구가 여자보다 조금 더 많아. 그 이유는 선생님도 몰라. 정확하게 밝혀지지 않았거든. 너희들이 커서 연구해 보면 좋을 것 같구나."

캡모자 쌤은 마치 미래의 숙제를 내주시는 듯했다. 나는 고개를 끄덕이며 캡모자 쌤이 보여 준 표를 옮겨 적었다. 종아 할머니께 정확한 내용을 알려 드리고 싶은 마음이 간절해졌다.

다음 날 새벽에 일어나기 위해 일부러 일찍 잠자리에 들었다. 새벽 4시, 벌떡 일어나 허겁지겁 산 중턱을 올라갔다. 종아 할머니는 벌써 기도를 마치고 내려오시는 중이었다. 나는 재빨리 뛰어가서 인사했다.

간섭하지
말거라.

"할머니, 어제 궁금해하신 거 설명해 드릴게요."

나는 어제 배운 내용을 바탕으로 종아 할머니를 설득할 수 있을 것만 같았다.

"귀찮게 굴지 말라고 했잖니. 만약에 이번에도 손자를 못 낳으면 네가 책임질래? 나는 계속 여기에 기도하러 올 거니까 방해하지 말거라."

할머니는 차가운 말투로 쏘아붙이고 산 아래로 내려갔다. 돌아서는 할머니의 뒷모습을 보니 서운함이 밀려왔다.

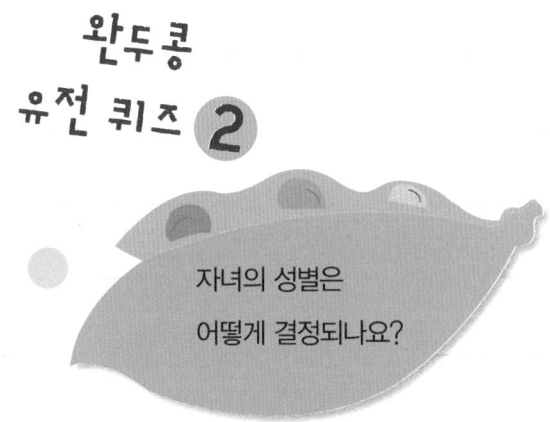

완두콩
유전 퀴즈 2

자녀의 성별은
어떻게 결정되나요?

4 돌연변이는 드물어

할머니가 혼자 산 아래로 내려간 뒤 나는 힘이 쭉 빠졌다. 하루 종일 애써 공부했던 것들이 물거품이 되어 버린 것만 같았다. 집을 향해 터덜터덜 걸어가는 사이 해가 떴다. 날이 밝고 주변이 점점 환해졌다.

"아얏!"

갑자기 오른쪽 발목에 따끔한 통증이 느껴졌다. 나는 놀라서 펄쩍 뛰어올랐다가 힘이 빠져서 주저앉았다. 하얀 뱀 한 마리가 잽싸게 몸을 숨기고 있었다. 발목에 난 이빨 자국에 빨간 피가 선명하게 맺혔다.

"으악! 징그러워. 뱀이잖아. 내가 뱀에 물린 거야?"

물린 발목이 점점 부어올랐다. 나는 어떻게 해야 할지 몰라서 바닥에 앉아서 발목을 붙잡았다. 발목이 붓자 통증도 심해졌다.

"도와주세요!"

나는 있는 힘껏 소리를 질렀다. 하지만 주변은 조용했다.

'할머니는 벌써 마을에 내려가셨겠지. 엄마는 지금 주무실 시간이고. 이렇게 이른 새벽에 누가 올 리가 없어. 아, 섬마을에 와서 뱀에 물리기나 하고. 여기 정말 싫다.'

다리가 점점 마비되어 오는 것 같았다. 나를 물었던 뱀이 독사인 모양이다.

앗, 뱀에 물렸어!

'이러다 나 죽는 거 아니야? 어떡해.'

"살려 줘. 살려 주세요. 엉엉."

나는 겁이 나서 큰 소리로 울음을 터트리고 말았다.

"유정아! 무슨 일이야?"

종아의 목소리였다. 산 아래에서 종아가 나를 향해 달려왔다.

"종아 네가 어떻게 여기에 있어?"

나는 깜짝 놀라 말했다. 놀라서 눈물이 저절로 멎었다.

"응. 할머니가 뒷산에서 고집 피우는 여자아이를 만났다고 툴툴대셔서 올라와 봤지. 우리 섬마을에서 고집 피우는 여자아이는 너밖에 없잖아!"

종아가 대답하고는 깔깔깔 웃었다.

"내가 언제 고집 피웠다고 그래?"

나는 이런 상황에도 나를 놀리는 종아가 새삼 얄미웠다. 하지만 이 와중에 종아를 만나니 왠지 모르게 마음이 놓였다.

"그런데 어디 다쳤어?"

종아는 내 말은 신경 쓰지도 않고 내 발목을 살펴보았다.

"독사에 물린 것 같아."

피가 난 발목이 계속 부어오르는 것 같았다. 잔뜩 겁이 난 나와 달리 종아는 태연하게 자기 옷을 찢어서 발목 위쪽을 단단히 묶었다.

"독이 심장 쪽으로 가지 않도록 우선 헝겊으로 묶을게. 너무 걱정하지 마. 우리 마을에서 뱀에 물리는 건 흔한 일이거든."

종아는 이어 주변을 둘러보더니 식물 잎사귀를 몇 개 뜯어 왔다. 어떤 것은 뿌리째 뽑아 오기도 했다. 그러고는 구해 온 식물을 빻아 그 즙을 발목의 상처에 발라 주었다.

"아얏! 따가워!"

"조 금 만 참 아. 응급 처치 를 하고 내려가 면 조금 나을 거야."

종아가 상처를 꼼꼼히 살펴보며 말했다.

"물린 자국을 보니 다 행히 독사는 아니네. 독사에게 물리면 독니 자국이 나는데 그런 상 처가 보이지는 않거든. 금방 괜찮아질 거야. 부기가 가라앉을 때까 지 여기 바위에 앉아서 좀 쉬자. 너 얼굴이 창백해."

"그, 그래. 고마워."

종아의 말을 들으니 조금씩 통증이 가시는 것 같았다. 종아가 친 절하게 대하는 게 어색했지만 싫지는 않았다.

"그런데 어쩌다 뱀에 물렸어? 너 혹시 지나가다가 뱀을 밟기라도 했니? 뱀은 사람이 먼저 공격하지 않으면 먼저 물지 않을 텐데."

"글쎄…… 너무 놀라서 기억이 잘 안 나. 음…… 맞아. 그런데 하얀색 뱀이었어!"

나는 아까 봤던 하얀 뱀의 모습이 떠올라 큰 소리로 말했다.

"정말 하얀 뱀이었어? 신기한데. 나도 아직까지 우리 마을에서 하얀 뱀은 한 번도 못 봤거든."

내가 하얀 뱀을 봤다는 것이 이상한 듯 종아가 고개를 갸웃거렸다.

"정말이야. 그런데 하얀 뱀을 본 게 왜 신기한 일이니?"

"하얀 뱀은 굉장히 보기 어렵대. 돌연변이라고 하던걸."

하얀 뱀이
돌연변이라고?

"돌연변이?"

"응. 동물 중에 가끔 자기 종의 색깔과 달리 흰색 피부를 갖고 태어나는 경우가 있대."

그러고 보니 어디에선가 피부가 흰 동물이 돌연변이라는 이야기

확률로 유전의 비밀을 풀어라!

를 들어 본 적이 있었다.

"맞다! 할머니가 하얀 뱀을 보면 행운이 찾아온다고 했는데……
그 하얀 뱀 어디로 갔어? 아, 내가 직접 봤어야 하는 건데……."

종아가 호들갑을 떨면서 주변을 둘러봤다.

"하얀 뱀을 보면 행운이 온다고? 참 나. 그런 행운이라면 두 번 다
시 겪고 싶지 않은걸. 그런데 돌연변이가 얼마나 드물길래 행운을
가져다준다는 말까지 만들어졌을까?"

"음…… **10만 마리 중에 한 마리 정도 태어난다고 해.**"

종아가 대답했다.

"그래? 그럼 확률이 $\dfrac{1}{100000}$ 이네. 정말 볼 확률이 낮구나."

내가 중얼거리자 종아가 눈을 동그랗게 떴다.

"확률이라고 했니? 확률, 그거 수학이지? 유정이 넌 은근히 수학을 잘하더라."

종아가 날 칭찬한 건 처음이었다. 항상 잘난 척만 하던 종아가 날 칭찬하는 모습이 낯설었다. 그동안 종아를 이겨 보겠다고 아등바등했던 내 모습이 조금 부끄럽게 느껴졌다.

"에이, 잘하기는. 너야말로 식물이나 동물에 대해서 무척 많이 알던데 뭘."

내 말에 종아도 쑥스럽게 웃었다.

"헤헤. 그런데 확률이 뭐야?"

나는 종아의 질문에 최대한 친절하게 답해 주기로 했다.

"확률은 어떤 일이 일어날 가능성을 말해. 일어날 수 있는 모든 경우 중에서 어떤 일이 일어난 경우의 비율을 따져서, 다음에 그 일이 일어날 가능성을 미루어 짐작하는 거지. 종아 너, 비율은 알지?"

"비율? 응. 기준량에 대해 비교하는 양이 차지하는 정도가 비율이잖아. 기준량을 분모로 두고 비교하는 양을 분자로 나타내면 돼."

확률을 이해하려면 비율을 잘 알고 있어야 하는데 종아가 잘 알고 있어서 다행이었다. 나는 종아가 쉽게 이해할 수 있는 상황을 떠올렸다.

"아, 그럼 너희 집에서 열리는 사과를 예로 들어서 확률을 따져 보

확률로 유전의 비밀을 풀어라!

자. 수확한 사과 한 상자 중에 상처 난 사과 개수를 생각해 봐. 한 상자에 상처 난 사과가 보통 몇 개 들어 있어?"

"한 상자에 보통 사과를 30개 담는데, 수확하고 옮기다 보면 그중 5개 정도에 작은 상처가 생기지."

"그럼 그걸 비율로 나타내 볼래?"

"사과 한 상자에 들어 있는 사과 전체의 개수 30개를 기준량으로 하고 상처 난 사과의 개수 5개를 비교하는 양으로 두면…… 한 상자 안의 사과 중 상처 난 사과의 비율은 $\frac{5}{30}$야. 약분하면 $\frac{1}{6}$이고. 그런데 이게 확률이 된단 말이야?"

분수가
확률이 된다고?

나는 싱긋 웃을 수밖에 없었다. 종아가 한 번에 확률을 이해했기 때문이다.

"맞아. 확률이란 일어날 수 있는 모든 경우 중에서 일어난 경우를 비교하는 비율과 같은 값이야. 방금 계산한 확률로 다른 상자에도 상처 난 사과가 같은 비율로 들어 있을 거라고 미루어 짐작할 수 있 잖아. 그래서 너희 집 사과 상자에 상처 난 사과가 들어 있을 확률 은 $\frac{1}{6}$ 이야. 쉽지?"

종아가 천천히 고개를 끄덕였다. 내가 말을 이었다.

"아까 하얀 뱀이 10만 마리 중에 한 마리 태어난다고 했지? 전 체 10만 마리 가운데 딱 한 마리만 하얀 뱀이니까 이때의 비율인 $\frac{1}{100000}$ 이 곧 확률이 되는 거야."

"그럼 앞으로 10만 마리의 뱀이 태어나면 그중에 하얀 뱀이 한 마 리 있겠네."

종아가 무릎을 쳤다.

"맞아. 우리가 확인한 비율이 $\frac{1}{100000}$ 이니까. **뱀이 10만 마리 태어나면 그중 한 마리 정도는 하얀 뱀이라고 예상할 수 있고.**"

"그렇구나."

"아, 그런데 주 의할 점은 확률은 고정된 것이 아니라는 거야. 확률이 $\frac{1}{100000}$ 이라고 해서 10만

확률로 미루어 짐작할 수 있어.

확률로 유전의 비밀을 풀어라!

마리의 뱀 중에 돌연변이 뱀이 정확히 한 마리 태어난다고 장담할 수는 없어."

내가 설명을 덧붙이자 종아가 다시 혼란스러운 표정을 지었다.

"그건 또 무슨 소리야? 확률이 $\dfrac{1}{100000}$이면 10만 마리 중에 한 마리가 돌연변이로 태어난다면서?"

"확률이란 꼭 그렇게 되는 것이 아니라 그렇게 될 거라는 예상을 나타낸 것이거든. 10만 마리가 태어나도 돌연변이가 한 마리도 태어나지 않을 수도 있고, 어떤 때는 10만 마리 중에 두 마리 이상이 돌연변이일 수도 있어. 중요한 건, **여러 마리의 뱀을 관찰할수록 그 비율이 $\dfrac{1}{100000}$에 가까워진다는 거지.**"

"아, 이제 조금 알 것 같아. 우리 집 사과도 더 많은 사과 상자의 경우를 확인할수록 더 정확하게 확률을 따져 볼 수 있겠네. 이미 나타난 비율로 앞으로의 일을 예측할 수 있다니…… 확률이라는 거 정말 신기한걸."

종아의 표정이 금세 풀렸다. 종아는 쉬지 않고 궁금증을 쏟아 냈다.

"그런데 확률이 $\dfrac{1}{100000}$이라는 건 얼마나 작은 거야?"

"이렇게 한번 생각해 봐. 내가 너에게 제비뽑기의 기회를 줄게. 제비뽑기를 해서 당첨되면 소원을 들어줄 거야. 만약 당첨되면 어떤 소원을 말할래?"

나는 종아에게 제비뽑기를 제안했다.

"나는 방송국에 한번 가 보고 싶어."

"뭐? 방송국?"

"응. 나는 가수가 되고 싶거든. 노래 부르는 가수들을 실제로 보는 게 소원이야."

나는 종아의 꿈이 가수라는 말에 살짝 놀랐다.

"그래? 네가 가수가 되고 싶어 하는 줄은 몰랐는데. 그럼 가요 프로그램 방청객으로 뽑히는 제비뽑기를 상상해 보는 거야. 어때?"

"좋아. 상상만 해도 신나는데."

"여기 상자가 두 개 있다고 해 보자. 한 상자에 10개의 구슬이 들어 있는데 그중 1개만 당첨 구슬이야."

내 말에 종아가 고개를 끄덕였다. 내가 계속 말했다.

"그리고 다른 상자에는 구슬이 100개 들어 있고 역시 당첨 구슬은 그중 1개뿐이야. 그럼 너는 어떤 상자에서 구슬

확률로 유전의 비밀을 풀어라!

$$\frac{1}{10} > \frac{1}{100}$$

을 뽑을래?"

"당연히 구슬이 10개 들어 있는 상자에서 뽑아야지! 10개 중 1개를 뽑는 게 더 당첨 가능성이 높을 테니까."

"맞았어. 그거야. 분수의 크기를 비교하는 것처럼 확률의 크기도 비교할 수 있어. $\frac{1}{10}$과 $\frac{1}{100}$ 중에서 어느 것이 더 작아?"

"당연히 $\frac{1}{100}$. 분자가 똑같이 1이면 분모의 수가 클수록 크기가 작잖아. 즉, 100개 중에서 당첨 구슬 1개를 뽑을 확률이 10개 중에서 당첨 구슬 1개를 뽑을 확률보다 작다는 뜻이지."

"그럼 $\frac{1}{100000}$은?"

4. 돌연변이는 드물어

"$\frac{1}{100000}$은, $\frac{1}{1000}$보다도 작고 $\frac{1}{10000}$보다도 작네. 정말 낮은 확률이구나. 돌연변이를 보면 행운이 온다는 말도 괜히 있는 게 아니었네!"

종아는 이제 알겠다는 듯 소리쳤다. 종아가 신나서 대답하니 나도 덩달아 웃음이 났다. 한참을 돌연변이가 나타날 확률에 대해 얘기하는 동안 내 발목의 부기도 많이 가라앉았다.

정말 확률이 낮구나!

"나 이제 걸을 수 있을 것 같아. 욱신거리는 것도 덜하고."

"그럼 얼른 보건소에 들렀다가 학교 가자. 부축해 줄게."

우리는 손을 잡고 조심조심 마을로 내려갔다.

"그런데 돌연변이는 왜 생기는 걸까?"

나는 문득 돌연변이가 생기는 이유가 궁금해졌다.

"글쎄…… 뱀의 피부색도 그 생물의 특징을 나타내는 형질이니까, 아마 유전자 때문 아니겠어?"

"그런가? 그런데 왜 태어날 확률이 낮은 걸까? 분명히 이유가 있을 텐데……."

나는 곰곰이 생각해 보았지만 답을 찾을 수 없었다. 종아도 곰똘히 생각에 잠겼다. 한참을 고민하다 우리는 서로 마주 보고 외쳤다.

확률로 유전의 비밀을 풀어라!

"캡모자 쌤한테 물어 보자!"

종아와 나는 보건소에 들러 발목을 다시 치료하고 곧장 학교로 향했다. 등교할 때에도 종아가 부축해 주었다.

"선생님, 선생님! 유정이가 산에서 하얀 뱀에 물렸어요!"

종아가 학교에 들어서자마자 캡모자 쌤을 향해서 고래고래 소리쳤다. 그 말을 듣고 캡모자 쌤이 놀라서 달려왔다.

"뭐? 뱀에 물렸다고? 유정아, 괜찮니? 걸을 만해?"

"괜찮아요. 종아가 응급 치료 해 주고, 보건소에도 다녀왔어요."

캡모자 쌤이 내 발목을 확인하고 안도의 한숨을 쉬었다.

"다행이구나. 그런데 하얀 뱀이라고 그랬니? 흔히 볼 수 없는 돌연변이를 봤구나."

"선생님, 그런데 어떻게 하얀 뱀이 태어날 수 있어요?"

"돌연변이가 정확히 뭔데요?"

나와 종아가 동시에 물었다.

"돌연변이는 부모의 모습과 다르게 태어나는 것을 말한단다. 다시 말해서 부모에게는 없는 형질이 그 자손에게 나타나는 것이지."

캡모자 쌤이 말하는 사이 쌍둥이 형제도 학교에 도착했다.

"부모의 유전자가 자손에게 유전되어 부모를 닮게 되는 거잖아요. 그런데 없는 형질이 갑자기 생겨난다니 좀 이상해요."

종아가 말했다.

"그렇지? 그러니까 나타날 확률이 매우 낮지. 우선 유전자가 어떻게 생겼는지부터 알려 줘야겠구나. 아, 그걸로 설명해 주면 되겠다. 따라오렴. 유전자와 생김새가 비슷한 물체를 보여 줄게."

"그게 뭔데요?"

우리는 캡모자 쌤 뒤를 쫄래쫄래 따라가면서 궁금한 걸 물었다. 캡모자 쌤은 대답 없이 교실을 향해 먼저 달렸다. 우리도 뒤따라 교실에 들어갔다.

"짠! 이걸 하나씩 받으렴."

캡모자 쌤이 어디서 났는지 털실 뭉치를 들고 있었다. 우리는 털실 뭉치를 하나씩 건네받았다.

> 털실을 염색사라고 생각해 보자.

"우리 어제 염색체에 대해서 배웠지? 염색체를 들여다보면 긴 실처럼 생긴 물질이 뒤엉켜 있는 것처럼 보여. 염색사라는 가느다란 실이란다. 거기에 유전 정보가 담겨 있지. 털실 뭉치의 모양을 생각하면 이해하기가 쉽단다."

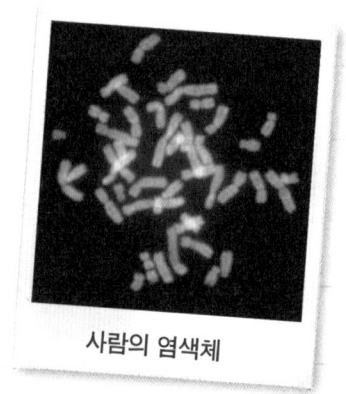

사람의 염색체

확률로 유전의 비밀을 풀어라!

"아, 그래서 털실 뭉치를 주시는 거구나."

석이가 털실 뭉치를 공처럼 가지고 놀면서 말했다. 그러다가 그만 털실 뭉치를 바닥에 떨어트렸다.

"앗, 털실이 풀어져 버렸어요."

"그래. 풀어진 털실을 염색사라고 생각하면 돼. 사람의 46개의 염색체 중에서 성을 결정하는 염색체 쌍을 성염색체라고 부른단다. 기억나니?"

"네. 그런데 그 나머지는 뭐예요?"

"성염색체를 제외한 나머지 44개를 보통 염색체 또는 상염색체라고 한단다. 이 22쌍의 상염색체가 사람의 성별을 제외한 대부분의 형질을 결정하지. **염색체를 이루는 염색사에는 ⭐ 나선형으로 꼬인 사다리 모양의 유전자가 담겨 있어. 그 유전자를 DNA라고 한단다.**"

캡모자 쌤이 칠판에 DNA를 그렸다.

"정말 나선형으로 꼬인 사다리네요."

"꼭 꽈배기처럼 꼬였어요."

석이와 혁이가 신기한 듯이 그림을 들여다봤다. 나도 염색체 안에 그런 구조가 있다는 사실이 신기했다.

나선형
소라 껍데기처럼
빙빙 비틀린 형태

"사다리의 각 계단에 해당되는 것들이 배열되는 순서를 달리하면서 유전 정보를 만들어 내지. 너희들의 염색체에도 유전 정보가 적힌 DNA가

들어 있단다.”

　캡모자 쌤이 털실 뭉치에서 삐져나온 털실의 끝 부분을 잡고 살살 잡아당겼다. 털실 뭉치가 돌돌 돌아가며 풀렸다.

　“이걸 선생님의 DNA라고 생각해 볼게. 그럼 이 털실 위에 선생님의 형질을 나타내는 유전 정보가 들어 있는 거란다. 너희가 가지고 있는 털실에 종이를 붙이고 너희의 유전 형질을 그려 볼래?”

　우리는 그제야 캡모자 쌤의 말을 알아들었다. 털실을 DNA라고 생각하고 유전 형질을 나타내라는 말씀이었다. 나는 털실 위에 종

확률로 유전의 비밀을 풀어라!

이 여러 개를 붙이고 나의 쌍꺼풀과 반곱슬머리, 큰 키를 나타내는 그림을 그렸다. 혁이는 홑꺼풀과 생머리, 작은 키를 나타내는 그림을 그렸다. 종아 역시 자신의 특징을 그림으로 그려서 붙였다. 석이만 혁이 주변에서 딴청을 피우고 있었다.

"석아, 너는 왜 안 해?"

내가 석이에게 물었다.

"나는 어차피 혁이랑 똑같은 유전자를 가지고 있잖아. 혁이가 만든 걸 보면 되지. 히히."

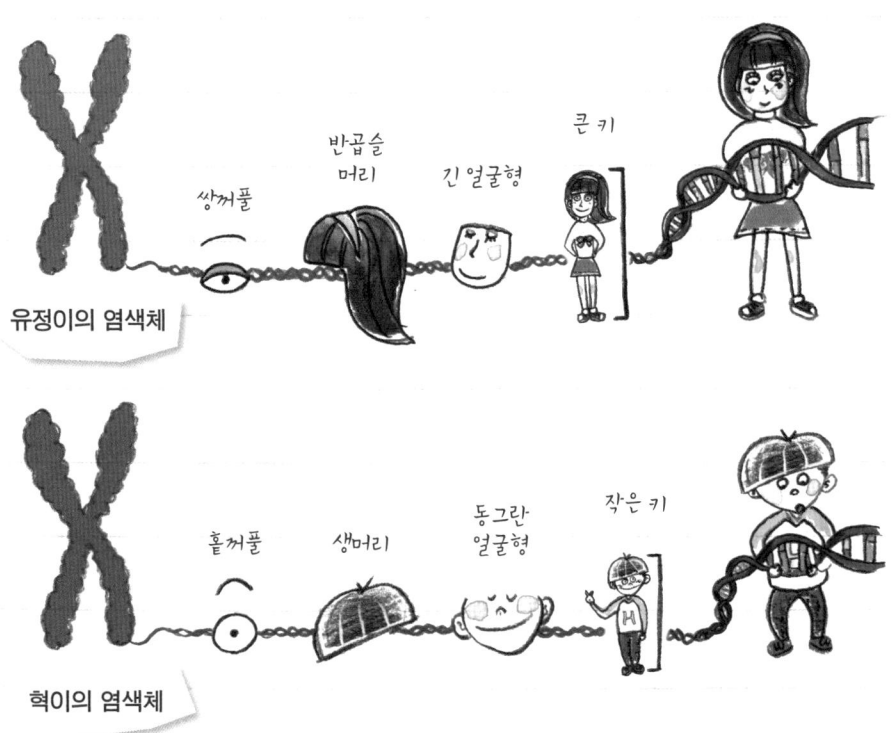

"뭐라고? 너 안 보여 줄 거야!"

석이의 말에 혁이가 발끈했다.

"하하하. 석이 진짜 똑똑한데?"

석이의 아이디어에 우리 모두 크게 웃었다.

"우리 몸의 설계도가 이런 거 아닐까?"

종아가 서로의 형질을 그려 붙인 털실을 보면서 물었다.

"맞아. 털실이 우리의 DNA라면 거기에 이렇게 유전 정보가 담겨 있을 테니까."

내 대답에 아이들이 고개를 끄덕였다.

"그런데 애들아, 우리 돌연변이에 대해서도 알아봐야겠지?"

캡모자 쌤이 알 수 없는 미소를 지으며 서랍에서 작은 아세톤 병을 꺼냈다. 우리는 캡모자 쌤이 왜 웃는지 알 수가 없었다.

"자, 놀라지 말거라."

무슨 영문인지 알아채기도 전에 캡모자 쌤이 아세톤 한 방울을 종아의 털실에 떨어트렸다. 그러자 아세톤을 떨어트린 곳이 곧바로 녹아 버렸다.

"앗, 선생님, 왜 아세톤을 떨어트리신 거예요? 제 털실 DNA가 끊어졌잖아요."

종아가 호들갑을 떨면서 소리쳤다.

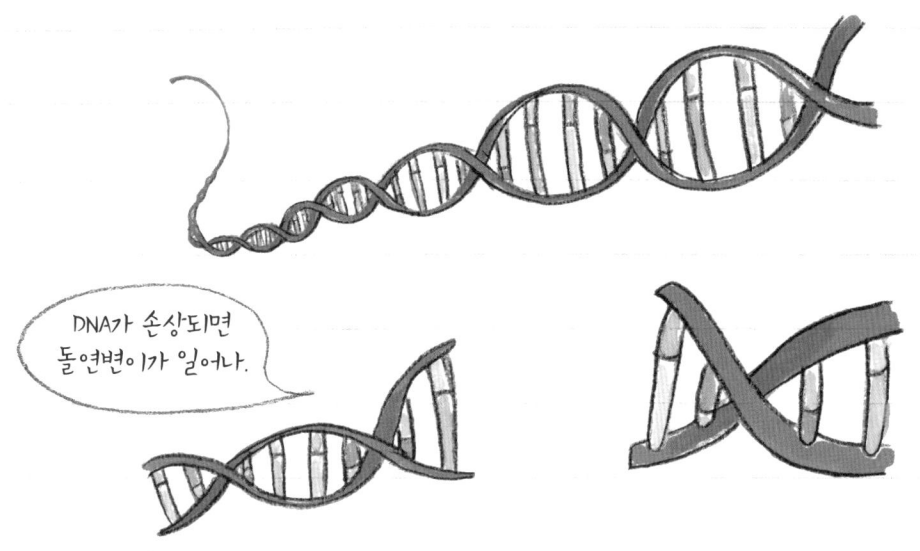

"그래그래. 아세톤이 털실을 녹여서 털실이 끊어졌지. DNA는 항상 자극을 받고 있고 그로 인해서 손상된단다. 그래서 **강한 햇빛이나 열, 그리고 ★ 방사선** 같은 강력한 자극에 노출되면 DNA에서 정보를 기록하는 부분의 배열이 바뀌거나, 끊어져 버릴 수도 있어. 흔한 일은 아니지."

"그럼 어떻게 되는데요?"

석이가 걱정스런 표정으로 물었다.

"만약 종아의 DNA 가운데 까무잡잡한 피부를 지시하는 유전자 부분이 손상되면 어떨까?"

캡모자 쌤이 종아의 DNA를 가리키면서 말했다. 종아의 DNA를

> ★ **방사선**
> 원자핵이 붕괴하면서 방출하는 입자나 전자기파

보니 피부색을 나타내는 그림을 붙인 부분이 끊어져 있었다.

"음. 저한테 어두운 피부색을 나타내는 유전자가 없다면…… 피부가 까무잡잡하지 않겠죠?"

종아도 자기의 털실 DNA를 보면서 대답했다.

"그렇단다. 피부색을 만들어 주는 유전자가 손상되면 고유의 피부색이 나타나지 않겠지? 돌연변이가 일어나는 거란다. 오늘 유정이를 문 **하얀 뱀도 피부색을 만드는 유전자가 손상된 돌연변이야.**"

우리는 그제야 캡모자 쌤이 왜 종아의 털실을 끊었는지 알 것 같았다. 캡모자 쌤의 말에 혁이가 소리쳤다.

돌연변이는
살아남기
어렵대.

"진짜? 유정이 누나, 오늘 하얀 뱀을 봤어?"

"응. 보기 드물다는 얘기를 하려고 하지? 근데 나는 물리기까지 했지 뭐야."

"그것도 그렇지만, 돌연변이는 적의 눈에 잘 띄어서 살아남기가 어렵대. 책에서 봤어. 그리고 다른 개체와 생김새가 다르다는 이유

확률로 유전의 비밀을 풀어라!

로 무리로부터 공격받거나 어미에게 버림받기도 한대."

우리는 혁이의 이야기에 한 번 더 놀랐다.

"그래. 혁이 말처럼 대부분의 돌연변이는 자연 속에서 불리할 수밖에 없단다. 그러나 때로는 돌연변이의 형질이 유리한 경우도 있어. 영국의 나방 가운데 일부는 날개의 색깔이 밝은 색에서 어두운 색으로 변하는 돌연변이를 일으켰지. 하지만 공해가 많은 공장 지대에서 어두운 색이

오히려 ★ 보호색으로 작용해서 정상인 나방보다 더 오래 살게 되

> **★ 보호색**
> 주위 환경의 색과 닮은 동물의 색. 보호색을 띠면 포식자에게 발견될 위험이 줄어든다.

었단다. 그리고 이런 형질이 유전되어 이후에는 어두운 색의 나방이 많아졌지."

돌연변이가 오히려 유리하게 작용하기도 하다니 정말 신기한 일이었다. 아침에 뱀에 물릴 때만 해도 섬마을이 싫었는데, 새로운 사실을 배우고 나니 섬마을에서 지내는 게 즐겁게 느껴졌다.

다행히 수업을 마칠 때쯤에는 부축을 받지 않고도 걸을 수 있었다. 나는 종아와 집으로 향했다. 하지만 집까지 반쯤 남았을 때 학교에 두고 온 가방이 생각났다.

"아차, 내 정신 좀 봐!"

"왜?"

"나 교실에 가방을 두고 왔어. 다리만 신경 쓰다가 깜빡했네."

"그럼 같이 갔다 오자."

종아와 나는 다시 학교로 걸음을 돌렸다. 그런데 운동장 한가운데 머리가 벗어진 사람이 쪼그리고 앉아 있었다.

"저 아저씨는 또 누구지?"

"글쎄?"

우리가 머뭇거리며 다가가는 동안에도 아저씨는 계속 고개를 숙이고 있었다. 뭔가에 집중하고 있는 것 같았다. 그런데 옷이며 체격이 캡모자 쌤과 많이 비슷했다.

확률로 유전의 비밀을 풀어라!

"혹시…… 선생님?"

"아이코, 깜짝이야."

화들짝 놀라서 고개를 든 사람은 다름 아닌 캡모자 쌤이었다. 모자 속에 감춰졌던 정수리 부분에 머리카락이 하나도 없었다.

"선생님, 머리가……."

우리는 캡모자 쌤의 대머리를 보고는 말을 잇지 못하고 서 있었다. 캡모자 쌤이 서둘러 모자를 쓰면서 말했다.

"이런…… 다 봤니? 너희에게 들켜 버리고 말았구나. 다른 사람들에게는 비밀이다!"

캡모자 쌤이 손가락을 입에 가져다 대고 속삭였다.

"선생님, 모든 사람들이 고민 없이 살았으면 좋겠다고 말씀하신 것도 혹시……."

캡모자 쌤은 말없이 고개만 끄덕였다.

"선생님, 그런데 왜 모자를 벗고 계셨어요?"

종아가 물었다.

"머리에 햇빛을 쬐고 있단다. 햇빛을 쬐면 혹시 유전자 변이가 생겨서 머리가 날까 하고……."

캡모자 쌤은 역시나 엉뚱한 대답을 하고 다시 혼자 생각에 잠겼다. 나는 집에 돌아와서도 하늘로 향하고 있던 캡모자 쌤의 훌렁 벗겨진 머리가 떠올라 자꾸 웃음이 나왔다.

완두콩 유전 퀴즈 3

100개 중 1개가 당첨인 경우와 1000개 중 1개가 당첨인 경우 중, 당첨될 확률이 높은 쪽은?

확률로 유전의 비밀을 풀어라!

5 유전자의 힘겨루기

오늘은 학교 수업이 끝나고 모두 종아네 집으로 TV를 보러 가기로 했다. 우리 집에는 아직 안테나가 설치되지 않아서 TV를 볼 수 없기 때문이다.

"안녕하세요."

종아네 집에 들어서면서 우리는 큰 목소리로 인사를 했다. 마당에 나와 계시던 종아 할머니가 우리를 반갑게 맞이해 줬다.

"어서들 오려무나."

할머니와는 지난번에 뒷산에서 만난 이후 처음이었다. 할머니가 나를 보고는 살짝 눈짓을 보냈다. 아마 산에서 기도하는 걸 종아에게 말하지 말라는 뜻 같았다.

"얘들아, TV 여기 있어. 이리 와."

TV를 켜니 마침 가요 프로그램이 한창이었다. 섬마을에 와서 한참 동안 보지 못하던 TV를 보니 눈이 저절로 휘둥그레졌다. 종아는 어느새 자리에서 일어나서 음악에 맞춰 춤을 추며 노래를 부르고 있었다. 종아가 엉덩이를 씰룩거리는 모습이 귀여웠다.

"종아야, 너 진짜 춤 잘 춘다."

"히히. 정말? 전에 말했지? 나는 연예인이 되는 것이 꿈이야. 노래 부르면서 춤을 추는 댄스 가수가 될 거야."

확률로 유전의 비밀을 풀어라!

종아가 계속 신나게 몸을 흔들며 말했다.

"그런데 누나는 키가 작아서 TV에 출연 안 시켜 줄 것 같아."

장난꾸러기 석이가 또 종아에게 시비를 걸었다. 하지만 종아는 아무렇지 않다는 듯 고개를 가로저으며 말했다.

"그건 네가 몰라서 하는 소리야. 키가 작아서 내가 귀여운 거야."

"통통하고 쌍꺼풀도 없는 건 어떻게 할 건데? 다른 건 몰라도 쌍꺼풀은 있어야 될걸?"

"맞아, 맞아!"

혁이도 석이의 말에 맞장구를 치며 같이 종아를 약 올렸다.

"뭐야? 이것들이……."

종아가 결국 화를 참지 못하고 석이와 혁이를 노려보았다. 석이와 혁이는 재빨리 마당으로 뛰어 도망갔다. 마당에서 종아와 쌍둥이의 추격전이 벌어졌다.

"얘들아, 그만 뛰고 여기 와서 이것 좀 먹으렴."

종아 엄마가 부엌에서 구운 감자를 가지고 나왔다. 종아가 말한 것처럼 동생을 임신하고 있어서 배가 볼록 나와 있었다.

"와, 고맙습니다."

석이와 혁이는 마루로 얼른 뛰어 올라와서 김이 모락모락 나는 감자를 집어 들고 뜨겁다고 호들갑을 떨었다. 나도 감자를 까서 호호 불어 가며 먹었다. 모양은 울퉁불퉁했지만 입에서 살살 녹는 맛이 기가 막혔다. 하지만 종아는 엄마 앞에 서서 울상을 짓고 있었다.

"엄마, 엄마는 쌍꺼풀이 있는데 나는 왜 쌍꺼풀이 없어? 쌍꺼풀만 있었어도 훨씬 더 예쁠 거 아냐. 그럼 가수도 쉽게 될 텐데!"

엄마, 나는 왜 쌍꺼풀이 없어?

확률로 유전의 비밀을 풀어라!

종아가 엄마의 쌍꺼풀과 자신의 작은 눈을 손으로 가리키며 원망하듯 말했다. 석이와 혁이 앞에서는 티를 안 냈지만 놀림을 받고 속이 상한 모양이었다.

"쌍꺼풀이 없어도 엄마 눈에는 종아가 세상에서 제일 예쁜데."

종아 엄마는 종아의 머리를 쓰다듬으며 말했다. 종아와 달리 종아 엄마의 눈에는 쌍꺼풀이 선명했다. 종아는 계속 입을 삐죽거리고 있었다. 투덜대는 종아를 보고 나는 문득 궁금증이 생겼다.

'종아 엄마는 쌍꺼풀이 있는데 왜 종아는 쌍꺼풀이 없을까?'

내가 생각에 잠긴 사이 석이가 어디선가 낡은 모자를 쓰고 나타났다. 언뜻 봐도 캡모자 쌤이 떠올랐다. 석이가 목을 가다듬더니 캡모자 쌤의 말투를 따라 했다.

"종아는 쌍꺼풀이 없어서 고민이구나? 쌍꺼풀이 만들어지는 이유는 유전자에서 찾을 수 있단다."

목소리까지 따라하니 제법 캡모자 쌤과 비슷했다. 종아는 그 모습을 보고 언제 울먹였냐는 듯이 금세 웃음을 터트렸다. 우리가 웃자 석이가 계속 캡모자 쌤을 흉내냈다.

"쌍꺼풀 유전자가 쌍꺼풀 눈을 만든단다. 어제 수업을 들어서 염색체에 대해 잘 알고 있지? 유전자들이 염색체 위에 쌍을 이루어 존재하지."

장난으로 시작했지만 말하는 내용도 제법 캡모자 쌤 같았다. 석이의 말이 끝나자 혁이가 모자를 빼앗아 썼다. 이제부터 자기가 캡모자 쌤의 흉내를 내겠다는 뜻이었다.

"큭큭. 내가 해 볼게. 자, 쌍꺼풀을 결정하는 유전자는 무엇이 있을까? 쌍꺼풀을 만드는 유전자를 W라고 하고 홑꺼풀을 만드는 유전자를 V라고 해 볼까?"

혁이의 말투는 의외로 진지했다.

"왜 쌍꺼풀 유전자를 W로, 홑꺼풀 유전자를 V로 나타내는데?"

종아가 혁이에게 물었다. 나는 혁이가 종아의 질문에 어떻게 대답할지 매우 궁금했다.

"쌍꺼풀이니까. 눈꺼풀이 두 번 접힌 모양이 알파벳 W와 닮았잖아. V는 한 번만 접힌 홑꺼풀의 모양을 닮았고."

쌍꺼풀 유전자 W, 홑꺼풀 유전자 V. 어때?

혁이의 설명은 그럴듯했다. 우리는 혁이의 재치에 감탄하며 엄지손가락을 추켜세웠다.

"그럼 우리 그렇게 가정하고 쌍꺼풀 유전자가 어떻게 전해지는지 알아보자."

종아의 제안에 모두 고개를 끄덕였다.

"그래. 성염색체의 가짓수를 따져 본 것처럼 표를 그려 보면 어때?"

"좋아. 재밌겠다."

"그럼 내가 계속 캡모자 쌤 역할을 할게. 에헴. 내 얘기 중에 틀린 게 있으면 바로잡아 줘."

혁이가 가방에서 종이와 연필을 꺼내면서 말했다.

"아빠는 쌍꺼풀 유전자 W와 홑꺼풀 유전자 V를 가질 수 있어. 엄마도 역시 두 가지 유전자를 가질 수 있을 테고. 그럼 아빠가 자식에게 줄 수 있는 유전자는 두 가지이고 엄마가 줄 수 있는 유전자도 두 가지란다. 그럼 표를 그려서, 만들어지는 눈꺼풀의 모습이 어떨지 살펴보자꾸나."

"혁아, 표는 내가 그릴게."

종아가 혁이에게 연필을 건네받아 표 안에 글씨를 채우기 시작했다. 종아는 두 개의 눈꺼풀 유전자가 만나서 만들 수 있는 네 가지 유전자 쌍을 모두 적어 넣었다. 종아가 표를 다 채우자 혁이가 고개

확률로 유전의 비밀을 풀어라!

를 끄덕이고 말을 이었다.

"만약 엄마와 아빠로부터 모두 W유전자를 받으면 유전자 쌍이 WW가 돼. 그럼 쌍꺼풀을 가진 아이가 태어나지. 반대로 엄마와 아빠로부터 모두 V 유전자를 받아 유전자 쌍 VV를 갖게 되면 당연히 흩꺼풀일 테고. 에헴…… 음……."

혁이는 여기까지 말하고 말을 멈췄다. 우리도 함께 표를 보고 고민에 빠졌다. 표에 있는 WV와 VW 유전자를 어떻게 해석해야 할지 어려웠기 때문이다.

"근데 WV나 VW인 경우에는 어떻게 되는 거야?"

종아가 물었다.

"음. 혹시 한쪽 눈에만 쌍꺼풀이 생기는 거 아냐?"

석이가 눈을 찡그리며 한쪽만 쌍꺼풀인 모습을 흉내냈다.

"에이, 말도 안 돼."

"히히. 농담이야."

우리가 석이를 보고 웃는 사이 바깥에서 누군가 넘어지는 소리가 들렸다.

'우당탕탕!'

"아니! 그렇지는 않고, **WV나 VW인 경우에도 쌍꺼풀을 갖는단다!**"

"선생님!"

종아네 집 앞에서 넘어진 사람은 다름 아닌 캡모자 쌤이었다. 아마도 대문을 열고 들어오다 또 넘어지셨나 보다. 캡모자 쌤의 모자가 반쯤 벗겨져 있었다.

WV, VW도 쌍꺼풀을 갖지.

"선생님, 괜찮으세요? 그런데 무슨 일이세요?"

종아와 내가 얼른 달려 나가 모자를 제대로 씌워 드렸다. 다른 사람들이 캡모자 쌤의 비밀을 알아차리게 할 순 없었다.

"어머, 선생님, 어서 오세요! 오늘 감자가 맛있게 구워져서 연락

드렸어요."

종아 엄마가 구운 감자 몇 개와 식혜를 올린 쟁반을 들고 캡모자 쌤을 반갑게 맞이했다.

"선생님 오셨군요. 들어오세요."

종아의 할머니도 밖으로 나와 선생님을 반겼다.

"혁아, 모자가 잘 어울리는구나. 너희들 뭘 하고 있었던 거니?"

캡모자 쌤이 혁이와 석이를 살짝 흘겨보며 물었다.

"네? 아, 아무것도 아니에요."

혁이가 급하게 모자를 벗어서 등 뒤로 감췄다. 그러자 캡모자 쌤은 너털웃음을 지었다.

"하하하, 녀석들. 실은 밖에서 다 들었어. 석이와 혁이 꽤 똑똑하던데. 너희가 너무 잘 알고 있어서 깜짝 놀랐단다."

캡모자 쌤의 말에 석이와 혁이가 머리를 긁적였다.

"선생님, 그런데 넘어지면서 하신 말씀이 무슨 뜻이에요?"

"WV이거나 VW일 때도 쌍꺼풀을 가진 사람이 된다고요?"

"홑꺼풀 유전자인 V가 들어 있는데도요?"

우리는 궁금했던 걸 앞다투어 물었다.

"그래. 쌍꺼풀 유전자가 우성이고 홑꺼풀 유전자가 열성이기 때문이야."

처음 듣는 '우성'과 '열성'이라는 말에 나뿐만 아니라 다른 아이들

우성과 열성 때문이지.

도 멍한 표정을 지었다. 캡모자 쌤이 그런 우리를 한번 둘러보고 말을 이었다.

"조금 더 자세히 이야기해 볼게. 눈꺼풀 모양을 결정하는 유전자는 쌍으로 된 상염색체 위에 존재하기 때문에 유전자도 쌍으로 존재한단다. 그래서 **나올 수 있는 모든 유전자 쌍의 경우의 수는 WW, WV, VW, VV 네 가지야. 그런데 유전자 쌍이 WV이거나 VW일 경우에는 두 가지 형질 중에서 한 가지만 형질로 나타나지.**"

"둘 중 한 가지 형질만요? 그럼 다른 형질은요?"

내가 물었다.

"다른 한 가지 형질은 나타나지 않고 숨어 있어. WV나 VW일 경우에 홑꺼풀 형질은 숨고 쌍꺼풀 형질이 나타난단다. 이렇게 **서로 다른 유전자가 만났을 때 나타나는 형질을 우성, 나타나지 않고 숨는 형질을 열성이라고 한단다.**"

확률로 유전의 비밀을 풀어라!

"그럼 눈꺼풀의 경우에는 쌍꺼풀 형질이 우성이고 홑꺼풀 형질은 열성이네요?"

석이가 캡모자 쌤을 보며 물었다.

"그렇지. 힘겨루기에서 쌍꺼풀 유전자가 승리했다고 생각하면 쉽단다."

캡모자 쌤의 대답에 종아가 고개를 갸웃거렸다.

"그런데 조금 이상해요. 선생님이 말씀하신 우성과 열성을 생각해 보면 쌍꺼풀 유전자를 가진 사람하고 홑꺼풀 유전자를 가진 사람이 만나면 그 자손은 무조건 쌍꺼풀을 가지고 태어난다는 말이잖아요. 쌍꺼풀 유전자가 우성이니까요. 그런데 아빠와 엄마가 모두 쌍꺼풀이 있는데도 저는 쌍꺼풀이 없어요! 왜죠?"

종아가 울상을 지으며 말했다.

"쌍꺼풀이 있는 사람과 쌍꺼풀이 없는 사람이 만났을 때 자식이 반드시 쌍꺼풀을 가지려면 아빠와 엄마의 눈꺼풀 유전자가 각각 WW, VV인 경우에만 가능해.

태어나는 아이의 유 전자가 모두 WV가 될 테니까 말이다. 그런데 **아빠와 엄마가 둘 다 WV, WV 유전자일 경우는 어떻겠니?**"

WV면 쌍꺼풀이 있어요.

"음…… 우선 유전자 쌍이 WV 인 엄마, 유전자 쌍이 WV인 아빠는 둘 다 쌍 꺼풀을 가지고 있어요. 유전자 쌍이 WV이면 우성인 쌍꺼풀 형질 만 드러나니까요."

종아가 대답했다.

"그래. 그럼 그 자손의 유전자 쌍에는 어떤 경우가 있을까?"

"음…… 엄마 아빠 둘 다 W와 V를 하나씩 가지고 있으니까……."

"그러니까……."

확률로 유전의 비밀을 풀어라!

우리가 머리를 맞대고 한참 고민하고 있자 캡모자 쌤이 크게 웃으며 말했다.

"하하. 뭘 고민하니? 아까 너희가 그린 표를 보면 되잖아."

그러고 보니 아까 우리가 그린 표는 각각 WV 유전자 쌍을 가진 부모 사이에서 태어나는 자손의 유전자 쌍을 찾은 것이었다. 우리는 다시 그 표를 살펴봤다.

"아, VV로 조합될 경우에는……."

"엄마 아빠가 쌍꺼풀이 있어도 홑꺼풀이 나올 수 있어!"

종아와 석이가 표의 마지막 칸을 가리키며 동시에 외쳤다.

"그래. 별로 어렵지 않지? 종아의 아빠도 쌍꺼풀이 있다고 했으니까, 내가 보기엔 아마 종아의 엄마와 아빠는 모두 WV 유전자를 가지고 계시겠구나. 그래서 두 분 모두 쌍꺼풀이 있지만 종아는 없는 거지. 엄마와 아빠 모두 홑꺼풀 유전자인 V를 주어야 유전자 쌍이 VV가 되거든."

우리 모두 새로운 사실에 어안이 벙벙했다.

"들을수록 신기해."

"맞아. 유전의 커다란 비밀을 푼 것 같아."

혁이와 내가 중얼거렸다.

"아직 놀라기는 이르단다. 유전자 쌍의 유전 방식을 살펴보면 늘 지켜지는 일정한 비도 알아낼 수 있어. 그림을 보면서 알아볼까?"

캡모자 쌤이 공책에 염색체 모양을 그리면서 싱긋 웃었다.

"자, 이게 쌍으로 된 염색체야. 이 위에 각각 눈꺼풀 유전자가 있는데 종아의 부모님은 모두 WV를 가지고 계시지."

WV끼리 만나면 네 가지 조합이 생겨.

캡모자 쌤이 아빠의 염색체와 엄마의 염색체 아래에 각각 WV라고 썼다.

"자, 그다음에는 둘 사이에서 생길 수 있는 자손의 유전자 쌍을 모두 적어 볼게."

캡모자 쌤은 그 아래 네 개의 염색체 쌍을 그렸다. 그리고 WV와 WV가 만나서 만들 수 있는 네 가지 경우인 WW, WV, VW, VV 유전자 쌍을 각각의 염색체 그림 위에 하나씩 적어 넣었다.

"얘들아, 이 중에서 쌍꺼풀이 나오는 경우는 무엇무엇이 있니?"

"WW, WV, VW 이렇게 세 가지 경우에 쌍꺼풀이 돼요."

"VV일 때만 홑꺼풀이 되고요."

나와 종아가 서둘러 대답했다.

"그렇지. 부모가 둘 다 WV의 유전자 쌍을 가지고 있다면 자식의 눈은 모두 네 가지 경우가 나오는데, 그중 세 가지 경우는 쌍꺼풀이

확률로 유전의 비밀을 풀어라!

우성과 열성이 나타나는 비

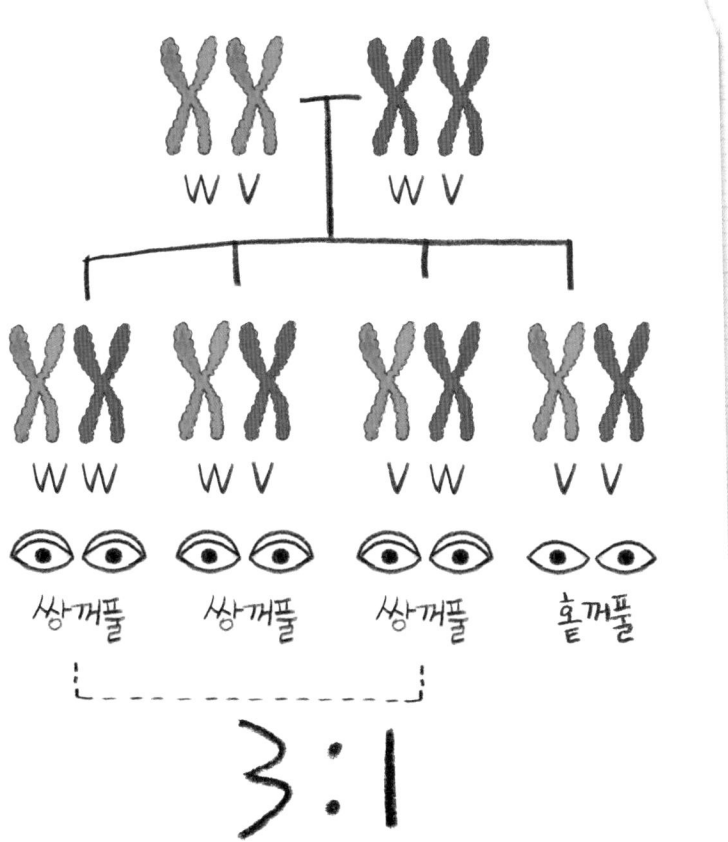

5. 유전자의 힘겨루기

나타나고 한 가지 경우는 홑꺼풀이겠지."

"그럼 이때 쌍꺼풀인 경우와 홑꺼풀인 경우를 비로 나타내면 3:1이 되겠네요."

나는 캡모자 쌤이 그린 그림을 보며 말했다.

"그렇지. **이때 늘 우성과 열성의 형질이 3:1로 나타난단다.** 형질이 유전될 때 이렇게 일정한 비가 나타난다는 사실이 정말 신기하지 않니?"

"네. 유전의 비밀을 하나 더 밝힌 것 같아요."

나는 우성과 열성이 3:1로 나타난다는 사실이 놀라웠다.

"그럼 이런 경우에 홑꺼풀이 태어날 확률은 얼마나 될까?"

캡모자 쌤이 묻자마자 내가 종아를 쳐다봤다. 내가 알려 준 확률의 개념을 기억하고 있을지 궁금했다.

"이미 일어난 일의 비율을 따져 봐야 확률을 알 수 있어요. 혹시 WV와 WV가 만나 태어난 아이들을 조사한 자료가 있나요?"

"맞아. 그래야 확률을 알 수 있지. 그렇지만 그런 자료는 없단다."

"그럼 어떻게 확률을 따질 수 있어요?"

종아가 캡모자 쌤을 바라보며 물었다.

"어떤 일이 일어날 경우의 확률이 모두 같은 경우에는 실제로 조사한 값이 없어도 확률을 구할 수 있단다. 예를 들어 방금과 같

확률로 유전의 비밀을 풀어라!

이 WW, WV, VW, VV 유전자를 가진 사람이 태어날 확률이 모두 같을 때, 모든 경우의 수에 대한 어떤 사건이 일어날 경우의 수의 비율로 확률을 구할 수 있는 거지. 다시 말해, 확률=$\dfrac{(\text{부분 경우의 수})}{(\text{전체 경우의 수})}$ 라고 할 수 있어."

"그럼…… 전체 네 가지 경우 중에 한 가지 경우니까 쌍꺼풀이 태어날 확률은 $\dfrac{3}{4}$이에요. 그리고 홑꺼풀일 확률은 $\dfrac{1}{4}$이고요."

종아가 확률에 대해 잘 알겠다는 듯이 대답했다.

"그렇구나. $\dfrac{1}{4}$은 소수로 고쳐서 0.25로 쓸 수도 있지요?"

석이가 질문을 덧붙였다.

"그렇지. 그리고 구한 소수에 100을 곱해서 백분율로 나타낼 수도 있단다. $0.25 \times 100 = 25$인데 이때 %(퍼센트)라는 기호를 사용해서 25%라고 쓰지. 확률은 분수, 소수, 백분율 등 다양한 방법으로 나타낼 수 있단다."

캡모자 쌤의 대답을 듣고 혁이도 직접 공책에다 숫자를 곱해 보며 고개를 끄덕였다. 하지만 종아는 여전히 궁금한 것이 많았다.

확률을 분수,
소수, 퍼센트로
나타낼 수 있구나.

"그럼 보조개는요? 보조개가 있는 것도 쌍꺼풀

처럼 우성 형질이에요?"

"물론 보조개도 유전되지. 보조개는 우성이야. 그러니 보조개가 없는 열성 유전자끼리만 만나지 않으면 보조개를 가지고 태어나지."

"뭐야. 우성이 나타날 확률이 더 높은데도 나는 계속 안 좋은 열성 유전자만 가지고 있네. 쌍꺼풀도 없고 보조개도 없다니. 이렇게 운이 나쁠 수가……. 보조개 우성 유전자를 한 개만이라도 가지고 있었다면 나도 여기 예쁜 보조개가 있을 텐데……."

종아가 두 손가락으로 양 볼을 콕콕 찌르면서 말했다. 종아가 더 투덜거리려고 하는데 갑자기 캡모자 쌤이 말을 막았다.

"잠깐만, 종아야! 너 뭔가 오해하고 있는 것 같은데, 열성 유전자는 안 좋은 것이 아니야!"

"네? 나타날 가능성이 낮잖아요. 돌연변이처럼 안 좋은 건 줄 알았는데……."

열성 유전자를 오해하면 안 돼.

확률로 유전의 비밀을 풀어라!

종아가 묻자 캡모자 쌤이 고개를 저었다.

"아니야. 열성 유전자는 우성 유전자와 만날 때 형질이 나타나지 않는 특징을 가졌을 뿐이야. 한쪽이 우월하고 다른 한쪽이 열등하다고 생각하면 큰 오해란다."

"정말요?"

"그래. 예를 들면 다지증이라는 유전 증상이 있어. 많을 다(多)와 손가락 지(指)를 써서 손가락이 보통 사람보다 많은 경우를 말한다. 실제로 손가락이 6개인 사람도 있고, 엄지손가락 옆에 돌기가 튀어나와 손가락이 6개인 것처럼 보이는 경우도 있단다. 그런데 놀랍게도 이 형질은 다섯 손가락에 비해 우성 형질이란다. 오히려 다섯 손가락이 열성이지. 하지만 다지증 유전자의 비율이 다섯 손가락 유전자에 비해 매우 낮기 때문에 다지증이 많이 나타나지 않는 것이지."

열성 유전자가
나쁜 게 아니구나.

설명을 들으니 열성 유전자에 대한 오해가 풀렸다.

"저는 제가 가진 열성 유전자가 나쁜 거라고만 생각했네요. 쌍꺼풀이 있으면 좋겠다고 늘 생각했거든요. 유정이처럼 쌍꺼풀이 짙은

우성 형질	열성 형질

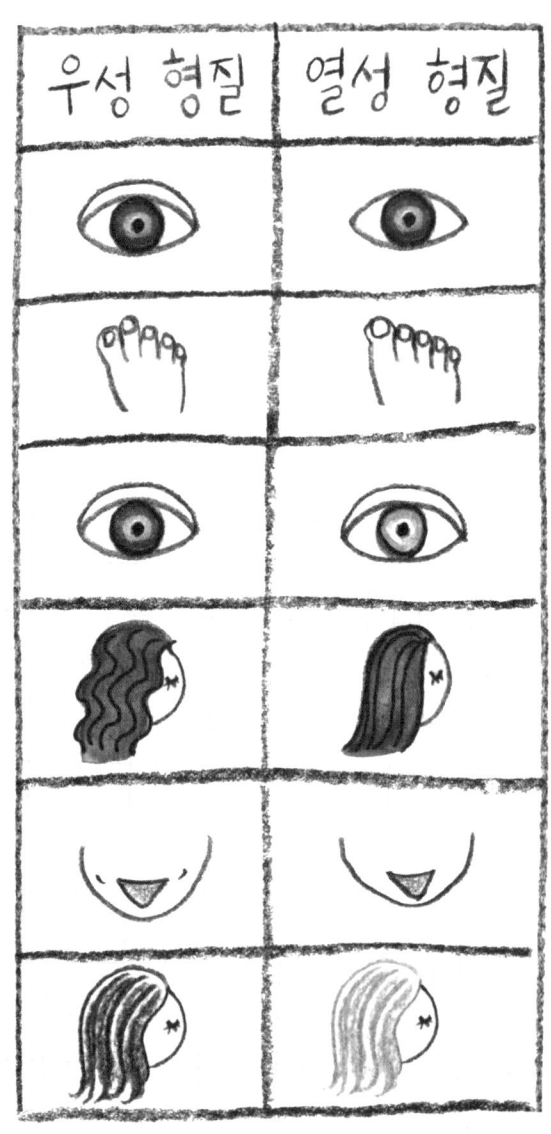

확률로 유전의 비밀을 풀어라!

애들을 보면 부럽기도 하고……."

"뭐라고? 홑꺼풀 눈이 훨씬 예쁘잖아."

나는 나도 모르게 내 속마음을 말해 버렸다. 나는 늘 가느다랗고 귀여운 홑꺼풀을 갖고 싶었는데 종아는 쌍꺼풀을 갖고 싶다니 의아했다. 종아도 내 말을 듣고 조금 놀랐는지 말을 멈췄다.

"내가 볼 때는 홑꺼풀인 종아의 눈, 쌍꺼풀이 있는 유정이의 눈, 둘 다 예쁜데."

캡모자 쌤의 말에 우리는 마주 보고 싱긋 웃었다.

"나도 마찬가지고 우리들은 제각기 다른 형질을 가지고 있잖니. 자기가 가진 형질들로 외모가 만들어지고 그래서 모두들 얼굴이 다르지. 각자의 매력도 다르고."

"그런데 선생님, 쌍꺼풀이나 보조개 말고 또 다른 우성 유전자도 있어요?"

석이가 물었다.

"눈동자의 색깔은 갈색이 우성이란다. 외국 사람들처럼 파란 눈동자는 열성이고. 두 번째 발가락이 첫 번째 발가락보다 긴 것도 우성 형질이란다."

"와, 재미있다. 저는 발가락 길이는 우성 유전자를 따르고 머리카락은 열성 유전자를 따르네요."

혁이가 자기 몸 구석구석을 살피며 말했다.

"아! 더 재미있는 형질도 있단다. 혀 말기가 되는 것이 우성 형질이고 혀 말기가 되지 않는 것이 열성 형질이란다. 한번 해 볼래? 선생님은 되지롱."

캡모자 쌤이 메롱 하듯 혀를 내밀고 끝을 U자 모양으로 말아 보였다.

"누구나 다 되는 거 아니에요?"

"우리도 다 돼요."

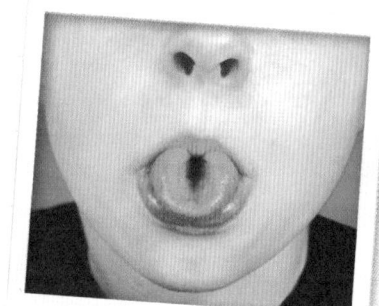

혀 말기가 되는 것이 우성 형질이다.

종아도 혀 끝을 U자 모양으로 말았다. 석이와 혁이도 혀를 U자 모양으로 만들고 서로를 보았다.

"어? 난 왜 안 되지?"

하지만 나는 아무리 해 보려고 해도 잘 되지 않았다.

"유정이는 혀 말기 열성 유전자만 가지고 있나 봐."

종아가 나를 보고 말했다.

"그런가 봐. 오늘은 내가 몰랐던 나를 자세히 알게 된 것 같아."

우성 형질과 열성 형질에 대해 알고 나니 각자의 외모가 남다르게 보였다.

그때 종아 엄마가 가까이 있는 석이에게 새 감자 바구니를 건네며

확률로 유전의 비밀을 풀어라!

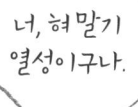

말했다.

"혁아, 선생님께 따뜻한 감자 좀 다시 갖다 드릴래?"

"네. 그런데 저는 석이예요, 아줌마. 크크크."

석이가 감자 바구니를 받으면서 씨익 웃었다.

"어머, 정말이야? 너희는 어쩜 볼수록 이렇게 똑같니?"

"흐흐. 엄마, 언제까지 그렇게 헷갈려하실 거예요? 잘 보면 약간씩 다른데."

종아가 말했다. 나는 문득 둘이 얼마나 다른지 궁금해졌다.

"석아, 혁아, 잠깐만 똑바로 서 봐."

나는 쌍둥이 형제를 나란히 세워 두고 자세히 살펴보았다. 석이가 키가 조금 더 크고, 몸집은 혁이가 조금 더 컸다.

"어떻게 이럴 수 있죠? 둘은 똑같은 유전자를 가지고 있잖아요."

내 질문에 캡모자 쌤이 대답했다.

"물론 똑같은 유전자를 가지고 있지. 하지만 **유전자가 똑같다고 해서 완전히 똑같은 사람이 되는 것은 아니란다. 환경 또한 사람의 모습에 중요한 영향을 미치거든.** 키가 많이 클 수 있는 유전자를 가지고 있는 사람이라고 해도 영양 보충이 충분히 되지 않으면 키가 클수 없어. 마찬가지로 하얀 피부 유전자를 가지고 있는 사람도 햇빛에 많이 노출되면 피부가 그을리지. 그만큼 환경이 생물에게 미치는 영향이 크단다."

환경이 미치는
영향도 많지.

"내가 우유를 많이 먹어서 키가 좀 더 컸나?"

"이유는 확실히 몰라도 환경의 영향을 받는다는 게 신기한걸."

석이의 말에 나도 한마디를 보탰다.

"그럼 나도 우유 많이 먹고 운동 많이 할래. 그러면 저도 키가 더 클 수 있지 않을까요?"

"물론이지!"

종아의 질문에 캡모자 쌤이 맞장구쳐 주었다. 어느새 어둠이 내리고 있었다. 하얀 보름달이 마치 내 얼굴처럼 하얗게 빛났다.

완두콩으로 밝힌 유전 법칙

노란색 콩이 열리는 완두와 초록색 콩이 열리는 완두를 교배하면 무슨 색 콩이 열릴까요? 이 문제에 대한 답을 최초로 탐구하고, 실험을 통해 얻은 수학적 통계를 정리한 사람은 그레고르 멘델입니다. 멘델은 1853년부터 무려 7년간 수도원 뒤뜰에 심은 완두의 형질을 연구했습니다. 완두의 색, 완두의 모양, 완두 종자의 키 등 일곱 가지 유전 형질을 기록하고, 이들이 어떻게 유전되는지를 조사했지요.

노란색 콩이 열리는 순종 완두(YY)와 초록색 콩이 열리는 순종 완두(yy)를 수분시키자, 잡종인 다음 세대에는 모두 노란색 콩(Yy)만 열렸습니다. 이처럼 두 형질 중에 우성인 형질만 나타나는 유전 원리를 '우열의 법칙'이라고 해요. 노란색(Y) 콩과 초록색(y) 콩 중에는 노란색(Y)이 우성이고, 둥근(R) 콩과 주름진(r) 콩 중에는 둥근(R) 콩이 우성입니다.

멘델은 그다음 세대의 형질에도 주목했습니다. 앞서 얻은 노란색 콩(잡종 1세대, Yy)이 열리는 완두끼리 수분시켰지요. 잡종 1세대 사이에서 얻은 잡종 2세대의 콩은 무슨 색일까요? 신기하게도 잡종 2세대의 콩 중 $\frac{3}{4}$은 노란색, $\frac{1}{4}$은 초록색이었습니다. 비로 말하면 우성 형질과 열성 형질이 3:1인 셈입니다. 둥근 콩(RR)과 주름진 콩(rr) 사이에서 얻은 둥

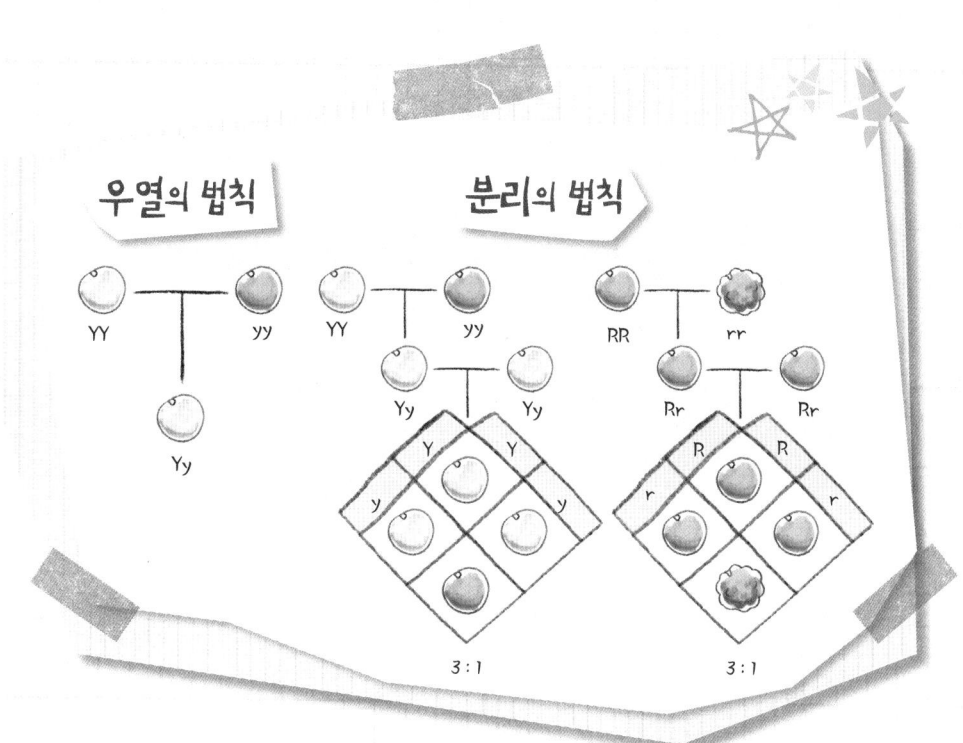

근 콩(잡종 1세대, Rr) 완두끼리 수분시키자, 잡종 2세대의 우성 형질과 열성 형질이 역시 3:1로 나타났습니다. 멘델은 또 다른 형질에서도 이 비율이 유지된다는 사실을 알아냈어요. 이것이 '분리의 법칙'입니다.

또한 그는 대립하는 형질들이 서로 영향을 미치지 않고 독립적으로 유전된다는 사실도 확인했습니다. 그는 실험 결과를 바탕으로, 생물의 형질이 유전 물질(유전자) 때문에 나타나며, 쌍으로 존재하는 유전자 중 하나씩만 자손에게 전달된다는 사실을 밝혔습니다.

6 고르고, 자르고, 붙이고

"엄마! 놀다 보니까 종아가 얄미운 애는 아니었어요. 잘난 척은 조금 하지만 귀엽기도 하고 친절하기도 하고. 장난꾸러기 석이랑 혁이도 꽤 똑똑해요."

나는 엄마와 함께 저녁밥을 먹으면서 요즘 친구들에 대해 달라진 생각을 말했다. 어제 재미있게 놀고 나니 아이들과 부쩍 친해진 것 같았다.

"어머, 그사이에 많이 친해진 모양이구나. 어때, 섬마을도 좋지 않니?"

"뭐, 그냥. 괜찮은 거 같기도 하고요."

나는 살짝 미소 지으며 대답했다.

"거 봐라. 사람은 모름지기 겪어 봐야 안다고 그랬잖니. 아마 조금 더 지내 보면 더욱 정이 들걸."

엄마의 말을 들으니 그동안 섬마을 친구들에 대해서 안 좋게 생각했던 것이 미안하게 느껴졌다. 내가 생각에 잠겨 딴청을 피우는 사이 엄마가 두부 부침을 내 앞으로 슬쩍 밀었다. 두부를 좋아하지 않는 나에게 좀 먹어 보라는 뜻이었다.

"엄마, 두부 말고 다른 건 없어요? 갈비나 불고기 같은 고기 요리를 먹고 싶은데."

"애는. 두부에도 단백질이 풍부해서 고기만큼 영양가가 높아. 그리고 요즘 두부가 얼마나 귀한 줄 아니? 우리 마을 콩밭의 콩들이 전부 말라 죽었거든. 콩 농사를 많이 짓는 석이네가 걱정이네."

엄마가 내 밥그릇에 두부 부침을 놓으며 말했다.

"그럼 이 두부는 어디에서 난 거예요?"

나는 어쩔 수 없이 두부 부침을 집어 조금 베어 물었다.

"다행히 이장님네 콩밭은 피해를 입지 않았대. 이장님네 콩이라도 멀쩡해서

마을 콩 농사를 망쳤대.

천만 다행이지 뭐니. 어머, 너 학교 갈 시간 다 됐다. 얼른 마저 먹고 가렴."

"네."

나는 남은 두부 부침을 한입에 꿀꺽 삼키고 집을 나섰다. 엄마 말씀대로 학교 가는 길 옆 콩밭의 콩들이 말라 죽어 있었다. 생각보다 피해가 큰 것 같았다.

"유정이 누나, 같이 가!"

뒤를 돌아보니 석이와 혁이가 뛰어오고 있었다. 나는 제일 먼저 콩 농사에 대해 물어봤다.

"얘들아, 이 주변 콩밭이 왜 이래? 병충해를 입었다더니 정말인가 봐."

"응. 우리 콩밭도 다 말라 버렸어. 엄마가 많이 속상해하서."

석이가 시무룩한 목소리로 말했다.

그때 뒤에서 종아의 목소리가 들렸다.

"얘들아, 같이 가!"

종아도 쌍둥이를 보자마자 콩밭 이야기부터 꺼냈다.

"헉헉. 석아, 혁아, 너희 집 콩도 다 말라 죽었다며?"

석이와 혁이가 다시 고개를 끄덕였다.

"우리 엄마가 그러시는데 이장님네 콩은 괜찮대. 그래서 오늘 아침에 이장님네 콩으로 만든 두부를 먹었어."

내 말에 아이들의 눈이 동그래졌다.

"진짜? 이번에 마을 전체가 피해를 봤다던데."

종아가 고개를 갸웃거렸다.

"어떻게 이장님네 콩만 멀쩡할까?"

석이와 혁이도 고개를 갸웃거리며 말했다.

"우리, 학교 끝나고 이장님네 콩밭에 가 볼래? 이장님네 콩밭에
뭔가 비밀이 숨겨져 있는 것 같지 않니?"

종아가 눈을 반짝이며 물었다.

"이장님네 집은 뒷산 너머에 있잖아. 엄마가 아이들끼리 뒷산 너

6. 고르고, 자르고, 붙이고

머로 가면 위험하다고 하셨어. 말씀드리면 아마 못 가게 하실걸."

내가 걱정스럽게 말했다.

"어휴. 당연히 얘기 안 하고 가는 거지. 내가 산길을 대충 아니까 너무 걱정 안 해도 돼."

종아가 주저하는 나를 흔들면서 말했다. 나는 마지못해 고개를 끄덕였다.

"좋아. 그럼 모두 이장님네 콩밭의 비밀을 파헤치러 가는 거야."

종아가 마치 작전을 짜듯이 말하자 왠지 모를 긴장감이 돌았다. 수업 끝나고 산에 올라갈 생각을 하니 오늘 따라 수업 시간이 길게 느껴졌다. 우리가 지루해하는 걸 아셨는지 캡모자 쌤이 재미있는 제안을 했다.

"애들아, 오후에는 미술 수업을 할까? 너희들 미술 좋아하잖니. 색종이로 목걸이 만드는 거 어때?"

"네, 좋아요. 색종이로 고리 목걸이 만들어요."

우리는 색종이를 길게 자르고 동그란 고리를 만들어서 이어 붙였다. 여러 개의 색종이 고리를 연결하니 긴 목걸이가 만들어졌다. 나는 일곱 가지 무지개 색깔로 알록달록한 목걸이를 만들었다. 종아는 빨간색과 노란색처럼 밝은 색 색종이만 연결하고 있었다. 석이와 혁이는 한 가지 색종이만 써서 목걸이가 그리 예쁘지 않았다. 수업이 끝날 무렵 우리는 색종이 목걸이를 하나씩 완성할 수 있었다.

확률로 유전의 비밀을 풀어라!

　수업이 끝나자마자 우리는 종아를 따라 서둘러 마을 뒷산으로 향
했다. 종아 할머니가 기도하시던 큰 바위를 지나 뒷산 꼭대기를 넘
어가니 넓은 콩밭이 나왔다.

　"다 왔어. 여기가 이장님네 콩밭이야."

　이장님네 콩은 딱 봐도 멀쩡해 보였다. 잎이 마르지도 않았고 콩
꼬투리도 실했다.

　"이장님네 콩은 왜 이렇게 잘 자라는 거지?"

"진짜로 말라 죽지 않았네."

혁이도 이상하다는 듯이 말했다. 우리는 콩꼬투리를 살펴보고 콩잎을 만져도 보았다.

"숙여!"

종아가 다급하게 외쳤다. 우리는 이유도 모른 채 콩 줄기 아래로 우선 몸을 숨겼다. 고개를 숙인 채로 주변을 살피니 콩밭으로 다가오는 이장님이 보였다. 부인과 함께 콩밭을 살피러 나온 것 같았다.

"그것 참 신기하단 말이야. 우리 마을 콩밭이 모두 쑥대밭으로 변했는데 이 녀석들은 이렇게 쌩쌩하게 자라고 있으니. 정말 기특하구나, 우리 콩."

이장님 부인이 콩잎을 어루만지며 말했다.

"지난번에 GMO 모종으로 사길 잘한 것 같아요."

이장님이 낮은 목소리로 말했다. 우리는 그 말에 다 같이 눈빛을 나눴다.

'GMO?'

무슨 뜻인지는 몰랐지만 이장님이 말한 'GMO'가 왠지 모르게 수상쩍었다.

"그러게요. 나는 평소에 사던 모종이 아니라서 걱정을 많이 했는데, 이렇게 튼튼하게 클 줄 누가 알았겠어요? 그런데 GMO라는 게 도대체 뭐예요?"

GMO 모종이 튼튼하군.

이장님 부인은 콩 농사가 잘돼서 그런지 계속 싱글벙글이었다.

"글쎄, 그건 나도 모르는데……. 그게 뭐든 간에 이렇게 튼튼하게 자랐으니 좋은 거 아니겠소?"

두 사람은 그 말을 마지막으로 어디론가 다시 걸어갔다. 잠시 후 우리는 천천히 고개를 들고 일어났다.

"휴. 정말 들키는 줄 알았어."

우리 모두 안도의 한숨을 내쉬었다.

"누나, 아까 이장님이 GMO라고 말씀하시는 것 들었어? 그런데 GMO가 뭐야?"

혁이가 나를 보며 물었다. 내가 고개를 갸웃거리고 있는데, 종아가 갑자기 주머니 속을 더듬으면서 씩씩거렸다.

"내가 이럴 줄 알았어. 뭔가 느낌이 안 좋더라니. 이걸 좀 보라고."

뭔가 의심스러웠다니깨!

종아가 꺼낸 것은 꼬깃꼬깃 접힌 신문 조각이었다.

"이게 뭔데?"

내가 종아에게 물었다. 종아는 아무 대답 없이 신문을 펼쳤다. 일부가 찢어진 신문 기사였다. 글씨가 보이는 부분에는 이렇게 적혀 있었다.

"GMO 농산물은 사람에게 안 좋은 영향을 미치는 것으로 알려져 미국에서 판매가 금지……."

그다음에도 어떤 글이 연결되는 것 같았지만 찢어져 있어서 알

수 없었다.

"아까 이장님이 말씀하신 GMO야!"

석이가 GMO라는 글자를 보고 놀라며 말했다.

"GMO 농산물이 사람에게 좋지 않다는 것이 미국에서 밝혀졌대. 사람에게 좋지 않은 콩을 키우다니!"

혁이도 다시 기사를 확인하고 소리쳤다.

"이장님네 콩이 튼튼한 이유는 바로 이것 때문이야. 이 비밀을 마을 사람들에게도 알려야 해. 그렇지 않니?"

종아가 주먹을 불끈 쥐면서 말했다. 우리 모두 얼떨결에 고개를 끄덕였다. 나는 신경을 곤두세워서인지 아까부터 아랫배가 살살 아팠다. 아침에 먹은 이장님네 두부가 마음에 걸렸다.

"얘들아, 잠깐만. 나 배탈 난 것 같아. 오늘 아침에 이장님네 콩으로 만든 두부를 먹었는데, 혹시 그것 때문인가?"

"뭐? 배가 아프다고? 그럼 이제 모든 것이 확실해졌어. 얼른 마을로 가서 모든 비밀을 밝히자."

종아가 내 말을 듣고 깜짝 놀라며 말했다. 우리는 앞장선 종아를 따라 서둘러 마을로 향했다. 다시 뒷산을 넘어가다가 종아 엄마와 친하게 지내는 아주머니를 만났다.

아까 GMO 콩을 먹어서 배가 아픈가?

"안녕하세요."

"어, 종아야, 반갑다. 어머니가 곧 동생 낳으시지? 아, 네가 서울에서 온 유정이구나. 예쁘게 생겼네!"

아주머니는 내 이름도 알고 있었다.

"저…… 아주머니, 혹시 이장님네서 콩이나 두부를 사다 드시나요?"

내가 조심스레 물어 보았다.

"물론이지. 요즘 우리 마을에서 이장님네 콩을 안 먹는 사람이 어디 있니? 이번에는 모두들 콩 농사를 망쳤으니 어쩔 수 없지."

아주머니의 대답에 종아가 나섰다.

"아줌마, 이장님네 콩은 GMO래요. 이장님이 GMO라고 말씀하시는 걸 저희가 분명히 들었어요."

종아는 혹시나 누가 들을까 주변을 둘러보며 말했다.

"GMO? 그게 뭔데?"

아주머니가 눈을 크게 뜨며 작은 목소리로 물었다. 종아는 아까 아이들에게 보여 줬던 꼬깃꼬깃한 신문을 다시 펼치며 말했다.

"이걸 좀 보세요. GMO 농산물은 아주 안 좋은 거예요. 미국에서 실험했대요. 유정이도 그걸 먹고 나서 배탈이 났어요."

아주머니도 신문 기사를 보고 깜짝 놀랐다.

"어머, 정말 이장님네 콩이나 두부를 사 먹으면 안 되겠네. 그럼 내가 가만히 있을 수 없지. 당장 이장님 댁에 전화를 해 봐야겠다."

아주머니는 놀란 표정으로 오던 길을 되돌아갔다.

"종아야, GMO 때문에 배탈이 난 건지는 확실치 않아."

나는 종아가 없는 말을 지어 내는 것 같아 걱정이 앞섰다.

"너 그거 먹고 배 아프다며. 밝힐 건 밝혀야지."

종아는 대수롭지 않다는 듯 대답했다. 하지만 나는 신문 기사의 찢어진 부분이 계속 마음에 걸렸다.

"저기, 애들아, 우리 이 기사 내용에 대해서 캡모자 쌤한테 여쭤 보지 않을래?"

내가 먼저 말을 꺼냈다.

"그래, 누나. 나도 사실 GMO가 어떤 건지 궁금해."

석이가 나를 거들었다.

"이 사실을 빨리 다른 사람들에게 알려야 하는데……. 알았어. 잠깐 들렀다가 가지 뭐."

종아는 내키지 않는 모양이었다. 하지만 이번에는 내가 앞장섰다.

"캡모자 쌤은 지금 고민 상담소에 계실 거야. 어서 가자."

우리는 서둘러 학교 뒷문으로 향했다.

고민 상담소에 도착하니 누가 문 앞에서 기웃거리고 있었다. 한 손에 콩 줄기를 들고 있는 사람은 바로 이장님이었다.

"앗! 이장님이다!"

내가 작게 소리치고 고민 상담소 뒤쪽으로 숨었다. 아이들도 나를 따라 재빨리 몸을 숨겼다.

"애들아, 너희 거기서 뭐 하니?"

캡모자 쌤이었다.

"아, 안녕하세요, 선생님."

우리들은 당황하며 캡모자 쌤에게 인사를 했다.

"어, 이장님도 오셨네요? 거기서 뭐 하세요?"

캡모자 쌤은 멀리 있는 이장님에게도 인사했다.

"앗, 우리가 한발 늦었어."

종아가 얼굴을 찡그리며 속삭였다.

"아, 선생님, 거기 계셨군요. 저는 천막 안에 계시는 줄 알고."

이장님이 캡모자 쌤 쪽으로 다가왔다. 결국 우리 모두 고민 상담소 앞에서 만나게 되어 버렸다. 이장님은 우리를 보자 얼굴이 굳었다.

"마침 너희들도 있었구나. 너희들, 우리 콩이 안 좋다는 소문을 퍼트리고 다녔다지?"

무뚝뚝한 이장님이 우리를 쏘아보니 가슴이 덜컹 내려앉았다.

"소문이라니? 무슨 말이야, 너희들?"

캡모자 쌤도 그 말을 듣고는 매서운 눈빛으로 우리에게 물었다.

"우리 콩을 먹고 배탈이 났다고 했다는데……."

이장님은 낮은 목소리로 말했다.

"너희들 정말 그런 말을 했니?"

캡모자 쌤이 깜짝 놀라 우리에게 물었다.

"네……."

내가 조그만 목소리로 대답했다.

"선생님, 이장님네 콩이 GMO래요."

종아가 먼저 말을 꺼냈다.

"정말? 이장님, GMO 콩을 기르시나요?"

캡모자 쌤이 놀라며 이장님에게 물어보았다.

"네, 맞습니다. 지난번에 배 타고 육지 나갔을 때 구했죠. 콩 모종을 파는 윤씨가 튼튼한 모종이라고 권해서 샀지요. 어렵게 구한 거니 아무한테도 말하지 말라고 신신당부했어요. 조금 수상쩍었는데……. 그때 윤씨가 GMO라는 말을 하긴 했습니다. GMO가 잘못된 건가요?"

확률로 유전의 비밀을 풀어라!

이장님이 캡모자 쌤과 우리를 번갈아 보며 말했다.

"아, 이장님네 콩이 GMO 농산물이었군요. **GMO란 유전자를 재조합한 농산물을 말합니다.**"

캡모자 쌤이 차분하게 말했다.

"유전자 재조합이라고요?"

나와 종아가 동시에 물었다.

"그렇단다. 유전자 변형 식품 등으로 부르기도 하지만 정확하게는 유전자 재조합을 의미해."

GMO 모종을 키우세요?

"유전자 재조합이라는 것이 무엇이오? 내가 GMO인지 유전자 재조합인지 하는 콩으로 농사를 짓긴 했지만 정확히 모르니 사람들이 나쁜 말을 해도 뭐라고 대꾸할 수가 없었소."

이장님이 다시 물었다.

"콩의 유전자를 자르고 붙여서 사람들이 원하는 형질을 가진 콩을 만드는 것이지요. 아마 이장님이 구입하신 콩은 유전자를 재조합해서 병충해에 강하게 만든 것일 겁니다."

"그게 뭐가 안 좋다는 거요? 농사지을 때는 원래 품종 개량을 합니다. 병충해에 강한 종끼리 교배해서 좀 더 튼튼한 종을 만들지요.

종아야, 너희도 과수원을 하니까 잘 알지 않니?"

이장님이 종아를 바라보는 눈빛이 날카로웠다. 그때 잠자코 있던 석이가 물었다.

"그런데 선생님, 교배하는 것과 유전자 재조합이 같은 거예요?"

나도 궁금했던 점이었다.

"아니, 그렇지 않단다. 이장님, 교배와 유전자 재조합은 다릅니다. **염색체 안에 있는 유전자 중 병충해에 약한 부분을 잘라 내고 병충해에 강한 다른 식물 또는 동물의 유전자를 잘라서 붙이거든요. 그렇게 해서 병충해에 강한 품종을 얻게 돼요.** 그러니 유전자 재조합을 통해 식물의 유전자 자체가 완전히 변하는 것이지요."

캡모자 쌤이 천천히 설명했지만 쉽게 이해되지 않았다.

"그게 무슨 말입니까? 유전자를 잘라서 붙여요?"

"선생님, 진짜 어려워요."

이장님과 석이가 동시에 말했다. 캡모자 쌤이 우리를 고민 상담소 안으로 안내하면서 설명을 계속했다.

> ⭐ **저항력**
> 질병이나 병원균을
> 견뎌 내는 힘

"이장님, 잠깐 들어오세요. 너희들도 들어오렴. 유전자는 식물의 설계도입니다. 유전자에 기록된 내용대로 식물이 자라지요. 병충해에 대한 ⭐ 저항력도 유전자에 기록되어 있는데……."

확률로 유전의 비밀을 풀어라!

캡모자 쌤이 잠시 머뭇거리며 주변을 두리번거렸다. 뭔가 설명할 도구를 찾는 것 같았다.

목걸이는 왜요?

"아, 석아, 혁아, 아까 만든 색종이 목걸이 좀 줄래?"

석이와 혁이가 얼른 가방에서 색종이 목걸이를 꺼냈다. 캡모자 쌤은 이장님과 우리를 보며 설명을 시작했다.

"우선 석이의 목걸이를 콩 유전자라고 해 볼게요. 각 부분마다 다양한 유전 정보를 담고 있지요. 편하게 이 색종이 고리마다 각각의 유전 정보가 있다고 생각해 볼까요? 그리고 병충해에 견디는 유전 정보는 이쯤에 담겨 있다고 해 보겠습니다."

캡모자 쌤이 석이의 목걸이를 들고 그중 한 고리를 손가락으로 가리켰다. 이장님과 우리 모두 캡모자 쌤의 설명에 집중하면서 석이의 목걸이를 바라보고 있었다. 그런데 갑자기 캡모자 쌤이 그 색종이 고리를 가위로 싹둑 잘랐다.

"앗, 선생님!"

석이가 놀라서 소리쳤다. 워낙 순식간에 벌어진 일이라 다들 깜짝

놀랐다. 하지만 캡모자 쌤은 아무렇지 않게 말을 이었다.

"혁아, 네 목걸이도 좀 빌려 줄래?"

혁이는 캡모자 쌤이 자기 것도 자를까 봐 주저하다가 결국 목걸이를 건넸다.

"혁이의 목걸이는 다른 식물의 유전자입니다. 그중 한 부분은 병충해에 잘 견디는 유전자라고 해 볼게요."

나는 그제야 캡모자 쌤이 뭘 하시려는지 짐작이 갔다.

"그럼 병충해에 잘 견디는 유전자를 활용하면 되겠네요?"

"그렇지."

확률로 유전의 비밀을 풀어라!

캡모자 쌤이 고개를 끄덕였다. 그리고 이번에는 혁이의 목걸이에서 고리 하나를 잘라 냈다.

"아, 지금 제 목걸이에서 잘라 낸 부분은 병충해에 잘 견디는 부분이에요. 맞죠?"

혁이는 놀라지 않고 캡모자 쌤에게 물었다.

"그렇지. 바로 이 부분이 필요하지."

캡모자 쌤의 대답에 이장님도 조금씩 고개를 끄덕였다. 캡모자 쌤이 혁이의 목걸이에서 잘라 낸 고리를 석이 목걸이의 잘라 낸 부분에 연결했다. 그러자 다시 석이의 목걸이가 원래의 모양이 됐다. 새로 연결한 부분만 색이 달라졌을 뿐 목걸이의 모습은 나무랄 데 없

었다.

"자, 여러분, 병충해에 강한 유전자를 원래의 콩에 이어 붙였습니다. 병충해에 잘 견디는 콩이 되었지요. 이런 방식으로 유전자 재조합을 한답니다."

캡모자 쌤이 새로 만든 색종이 목걸이를 자랑하듯이 내밀었다.

"와! 유전자 재조합으로 튼튼한 식물이 됐네요. GMO 모종은 키우는 사람에게도 먹는 사람에게도 좋은 거 아니에요?"

나는 튼튼한 GMO 농산물을 상상하고 외쳤다. 석이도 말을 보탰다.

"맞아. 너무 좋은 것 같은데요. 쉽게 말하면, 유전자 중에서 맘에

확률로 유전의 비밀을 풀어라!

안 드는 부분을 고칠 수 있는 거네요? 그럼 유전자를 재조합해서 원하는 생물을 만들 수 있는 거예요? 원하는 키나 얼굴도 만들 수 있어요?"

유전자 재조합으로 형질을 바꿀 수 있어요?

하지만 캡모자 쌤의 표정은 밝지만은 않았다.

"유전자 재조합으로 원하는 형질을 가진 생물을 만드는 것? 이론적으로는 가능하지. 실제로 유전자 재조합 기술로 유전병을 치료한 사례도 있단다. 하지만 **유전자 재조합 기술을 무분별하게 사용하는 건 조심해야 해. 유전자 재조합 기술이 잘못 사용될 경우 굉장히 위험한 상황이 생길 수 있기 때문이야.**"

"선생님, 그럼 유전자 재조합을 이용한 GMO 농산물은 안 좋은 건가요?"

종아가 심각한 표정으로 물었다.

"유정이 말처럼 GMO 농산물이 튼튼한 건 사실이란다. 열매를 크게 맺는 유전자를 재조합해서 생산하면 큰 열매를 맺는 품종이 되지. 하지만 **유전자 재조합으로 만든 농산물을 섭취했을 때 우리 인체에 어떤 영향을 미치는지는 아직 검증된 바가 없단다. 그러니 GMO 농산물이 무조건 좋다고 말할 수 없는 거란다.**"

"아…… 우리 몸에 미치는 영향은 알 수가 없군요."

캡모자 쌤과 종아의 대화를 듣자 GMO 농산물에 대한 생각이 조심스러워졌다.

"그런데 선생님, 혹시 유전자 재조합 콩을 먹고 배가 아플 수도 있나요?"

나는 캡모자 쌤에게 조심스럽게 물어보았다.

"글쎄. 예전에 콩에 땅콩의 유전자를 넣어 유전자 재조합 콩을 만든 적이 있단다. 단단하고 고소한 맛을 내는 땅콩의 형질을 콩에다 넣으려고 했던 거지. 그런데 그 유전자 재조합 콩을 먹은 사람들이 땅콩 알레르기 반응을 보인 경우가 있다는구나. 그래서 그 콩을 판매 금지했다지. 하지만 GMO 콩을 먹고 배가 아팠다는 이야기는 들어 본 적이 없어서 잘 모르겠구나."

"오늘 유정이가 이장님네 두부를 먹고 나서 배가 아팠어요. 그리고…… 이 신문을 보세요."

종아가 이장님의 눈치를 살피며 주머니에서 찢어진 신문 기사 조각을 다시 꺼냈다. 캡모자 쌤과 이장님이 천천히 기사를 읽기 시작

확률로 유전의 비밀을 풀어라!

GMO의 진실은?

GMO 농산물은 사람에게 안 좋은 영향을 미치는 것으로 알려져 미국에서 판매가 금지 된 적이 있지만 인체에 유해한지 아닌지는 아직 밝혀진 바가 없다.

했다.

"아니, 이게 정말이란 말입니까? GMO 콩이 사람에게 안 좋은 영향을 미친다고요? 내가 이걸 알았다면 GMO 콩 모종을 절대 사지 않았을 거야……."

이장님이 놀란 표정으로 중얼거렸다. 하지만 캡모자 쌤은 신문 기사를 보는 둥 마는 둥 하고 책꽂이로 몸을 돌렸다.

"좋아야, 잠깐만 기다리렴. 여기 어디다 뒀는데. 그래, 여기 있구나!"

캡모자 쌤이 책꽂이에서 낡은 공책을 한 권 꺼냈다. 공책에는 생물과 관련된 여러 가지 신문 기사가 스크랩되어 있었다. 그중에는 종아가 가져온 것과 똑같은 신문 기사도 들어 있었다. 캡모자 쌤이 스크랩한 그 기사는 찢어지지 않고 온전했다. 우리는 얼른 그 신문 기사를 천천히 읽어 보았다.

"GMO 농산물은 사람에게 안 좋은 영향을 미치는 것으로 알려져 미국에서 판매가 금지된 적이 있지만 인체에 유해한지 아닌지는 아직 밝혀진 바가 없다."

종아와 나는 기사를 읽자마자 얼굴이 새빨개졌다.

GMO 콩의 유해성은 밝혀진 바가 없다.

"너희들, 정확하게 알아보지도 않고 다른 사람을 곤경에 빠뜨리면 되겠니? 이 기사 그대로 GMO 농산물이 인체에 해를 준다는 주장에 대해서는 아직 정확히 밝혀진 바가 없단다."

캡모자 쌤이 우리를 타이르듯 말했다.

"앗, 어떻게 해? 죄송해요, 이장님."

"저희 생각이 짧았어요."

종아와 내가 이장님에게 사과드렸다.

"휴, 괜찮다. 나도 그렇고 너희도 그렇고 몰라서 그런 거잖니. 나는 내가 키운 콩이 몸에 안 좋은 건 줄 알고 걱정했는데, 아니라니

확률로 유전의 비밀을 풀어라!

참으로 다행이구나."

　이장님이 안도의 한숨을
내쉬었다.

아직 밝혀지지 않았구나…

　"이장님, 하지만 GMO 농
산물의 부작용에 대한 우려의 목소
리가 많은 것도 사실입니다. 우리나
라에서는 아직까지 GMO 농산물
의 재배를 금지하고 있고요. 인체에 미치는 영향이 확실하게 밝혀
지지도 않았고, 나라에서 재배를 금지하고 있으니 GMO 콩을 재
배하는 것은 이제 그만두는 것이 좋을 것 같습니다."

　"GMO 농산물 재배를 금지하고 있다고요? 그런 줄은 꿈에도 몰
랐네요. 당장 재배를 그만둬야겠군요."

　이장님은 깜짝 놀라 황급히 집으로 되돌아갔다.

완두콩
유전 퀴즈 4

GMO 농산물은
어떻게 만들어지나요?

7 혈액형을 밝혀라

어제 소란을 해결한 덕분에 오늘은 기분이 상쾌했다. 어느덧 지인도에 온 지도 5개월이 지났다. 처음에는 학교까지 가는 길이 낯설고 도시락 가방이 불편하기만 했는데, 이제는 이 길과 도시락 가방이 익숙하다. 오늘도 양손에 도시락 가방과 신발주머니를 들고 학교로 향하는데 뒤에서 종아의 바쁜 발소리가 들렸다.

'타다다닥!'

"유정아, 같이 가."

"어젠 괜히 너 때문에 나까지 혼났잖아. 그러니까 내가 뒷산 너머로는 가지 말자고 했지?"

나는 어제 일이 생각나서 뾰로통한 얼굴로 말했다.

확률로 유전의 비밀을 풀어라!

"무슨 소리야? 너도 이장님네 콩밭에 가는 걸 찬성했으면서. 그리고 GMO 얘기를 듣자마자 배가 아프다고 했던 사람이 누구더라?"

"어휴. 너랑 얘기하는 내가 바보지."

나는 약 올리듯이 얘기하는 종아가 얄미워서 몸을 돌려 앞서 걷기 시작했다.

크크. 소심한 걸 보니 A형이네.

"뭐야? 삐친 거야?"

종아가 어느새 내 옆으로 오더니 옆구리를 쿡쿡 찌르며 나의 반응을 살폈다. 내가 아무런 대꾸도 하지 않고 걸어가자 종아도 계속해서 나를 쫓아왔다.

"그렇게 얘기했다고 삐치니? 소심하기는. 너 혈액형 A형이지?"

종아가 물었다.

"어떻게 알았어?"

나도 모르게 놀라서 종아의 말에 대답했다.

"어떻게 알긴. 네 소심한 성격이 'A형입니다'라고 이야기해 주는걸."

종아가 깔깔 웃으며 나를 놀려 댔다.

"무슨 소리야? 혈액형은 성격하고 아무런 관련이 없어!"

나는 다시 한 번 쏘아붙였다.

"누가 그래? 소심한 성격은 A형 맞거든."

종아도 지지 않고 큰 소리로 대꾸했다.

세상에 네 가지 성격만 있겠니?

"혈액형은 A형, B형, O형, AB형 네 가지만 존재해. 만약 네 말대로 혈액형이 성격을 결정한다면 전 세계 사람들은 네 가지 성격만 있겠지. 안 그래?"

"또 따진다. 누가 A형 아니랄까 봐."

종아가 혼잣말처럼 중얼거리며 말했다.

"뭐라고?"

"아니야. 어제는 내가 잘못한 걸로 할게. 다시는 뒷산 너머에 가지 않겠습니다."

종아가 존댓말을 쓰면서 능청을 떨었다. 그 모습을 보니 나도 모르게 웃음이 나왔다.

"참 나. 그러는 너는 혈액형이 뭔데?"

"O형."

"그럼 O형은 성격이 어떻대?"

"뭐야? 혈액형은 성격하고 아무런 관계가 없다면서?"

종아가 날 보며 어이없다는 듯 말했다.

"누가 믿는대? 그냥 궁금해서 그러지."

사실은 나도 혈액형을 묻고 성격을 알아보려는 내가 우스웠다.

"O형은 다른 사람과 잘 친해지고 표현력이 좋대."

종아가 웃으며 대답했다.

"뭐야. 그런 게 어딨어? 나에게는 단점만 얘기하고."

들고 보니 종아에게만 좋은 해석이었다. 역시 혈액형으로 성격을 따지는 건 억지 같았다.

"근데 나…… 털어놓고 싶은 고민거리가 하나 있어……."

방금 전까지 깔깔 웃던 종아의 얼굴이 심각하게 변했다.

"뭔데?"

"아직 아무에게도 말하지 않은 거야. 누구한테도 얘기하면 안 돼."

"걱정 마."

나는 종아가 왜 이렇게 뜸을 들이는지 궁금했다. 종아의 심각한 얼굴을 보니 보통 일이 아니라는 생각이 들었다.

"나는 혈액형이 O형인데, 우리 엄마는 A형이고 아빠는 B형이야. A형이나 B형 유전자가 전해지면 나도 A형이나 B형이이야 하지 않니? 내가 부모님의 딸이 아닐 수도 있다는 생각이 들어."

종아가 조용히 자신의 고민을 털어놓았다.

"뭐? 그럴 리가 없어. 전에 보니까 너 엄마하고 아주 닮았던데. 눈만 빼고 거의 판박이 수준이야."

내가 웃으며 고개를 가로저었다.

"뭐야? 난 심각하단 말이야."

종아가 얼굴을 살짝 찡그렸다.

"아! 미안."

나는 종아가 어렵게 말을 꺼냈다는 사실을 떠올렸다. 하지만 도움을 주기에는 아는 것이 부족했다.

"종아야, 많이 고민되면 캡모자 쌤에게 찾아가 보는 건 어떨까?"

나도 이번에는 웃지 않고 진지하게 말했다.

"나도 고민 상담소 얘기를 들었을 때부터 가 볼까 했는데 용기가 안 났어. 혹시나 정말로 내가 엄마, 아빠의 딸이 아니면 어떻게 하니?"

확률로 유전의 비밀을 풀어라!

종아가 고개를 떨구며 힘없이 말했다.

"그런 걱정을 하기에는 너무 이른 것 같아. 오늘 일찍 나왔으니까 학교에 가면 캡모자 쌤에게 먼저 가 보자. 나도 같이 갈게."

나는 종아를 안심시키고 고민 상담소로 향했다. 캡모자 쌤은 벌써 고민 상담소에 나와 있었다.

"안녕하세요, 선생님."

"응? 너희들 이른 아침부터 여기 웬일이니? 교실로 가지 않고."

캡모자 쌤이 어리둥절한 표정으로 우리를 바라봤다.

"저기……"

"종아가 고민이 있다고 해서 찾아왔어요."

부모님과 혈액형이 달라요….

머뭇거리는 종아를 대신해서 내가 대답했다.

"그렇구나. 종아야, 편하게 말해 보렴."

종아가 조심스럽게 캡모자 쌤에게 고민을 털어놓았다. 종아의 말이 끝나자 캡모자 쌤이 생각에 잠겼다.

"선생님, 혹시 혈액형을 잘못 알고 있을 수도 있잖아요. 혈액형 검사부터 해 봐야 하지 않을까요? 저희 엄마도 어렸을 때 혈액형을 잘못 알고 계셨대요."

내 말에 캡모자 쌤이 고개를 끄덕였다.

"그게 좋겠구나. 먼저 혈액형 검사를 해 볼까?"

"그런데 혈액형은 어떻게 확인해요? 피 뽑는 건 무서운데."

종아가 물었다.

"피는 조금만 있어도 돼. 살짝 따끔한 정도이니 걱정하지 않아도 된단다."

"혈액형을 어떻게 구분하는데요?"

"A형 혈액과 B형 혈액이 만나면 혈액끼리 섞이지 않고 뭉치는 현상이 발생하는데 이것을 ★응집이라고 한단다. A형, B형,

> ★응집
> 엉기거나 뭉쳐서 덩어리가 되는 현상

O형, AB형의 혈액형은 이 응집 반응을 통해서 구분하는 거야."

"A형 혈액과 B형 혈액이 섞이지 않는다고요?"

종아와 나는 눈을 크게 뜨고 다시 물어보았다.

"그렇단다. 그래서 혈액형을 검사할 때는 혈액에 들어 있는 혈청이라는 물질을 사용해. 혈청으로 혈액이 응집되는지 아닌지 보면 혈액형을 확인할 수 있어. 잠깐만 기다려 보렴. 혈청이 여기 있을 거야."

캡모자 쌤이 상자를 뒤져서 작은 병 두 개를 꺼냈다. 한 병에는 '표준 A혈청', 다른 병에는 '표준 B혈청'이라고 씌어 있다. 캡모자

확률로 유전의 비밀을 풀어라!

쌤이 그중 하나를 들어 우리에게 보여 줬다.

"이것이 A형 혈액에서 분리한 혈청이다. A형에서 분리했다고 해서 '표준 A혈청'이라고 부르지. A형에서 분리했으니 표준 A혈청은 B형 혈액을 만나면 응집한단다."

A형이라는 말에 종아가 나를 흘끗 봤다. 캡모자 쌤이 다른 병을 들면서 말을 이었다.

표준 B혈청과 만나 응집하는 혈액은?

"그리고 이것은 B형 혈액에서 분리한 혈청이다. B형에서 분리했다고 해서 '표준 B혈청'이라고 부르지. 자, 그럼 표준 B혈청은 어떤 혈액과 만날 때 응집할까?"

"A형이요. 표준 B혈청은 B형 혈액에서 분리했으니까 A형 혈액을 만나면 응집하겠네요."

종아가 당연하다는 듯이 대답했다.

"어떤 혈액이 표준 A혈청과 만날 때 뭉치면 그 혈액은 B형 혈액이 겠네요. 반대로 표준 B혈청과 만나 뭉치는 혈액은 A형 혈액이라는 걸 알 수 있어요. 맞죠?"

나도 지지 않으려고 바로 뒤따라 얘기했다.

"그래, 얘들아. 쉽지? 그럼 선생님이 문제 하나 낼게. AB형 혈액은 어떨까?"

캡모자 쌤의 갑작스러운 질문에 종아와 나는 생각에 잠겼다.

"AB형은 A형의 성질도 B형의 성질도 모두 가지고 있을 것 같아요."

"그래서 표준 A혈청과 표준 B혈청 모두에 응집 반응을 일으킬 것 같아요."

잠시 후 종아와 내가 연달아 대답했다. 우리의 대답에 캡모자 쌤이 박수를 쳐 주었다.

두 가지 혈청과 응집하면 AB형.

"와, 어떻게 알았지? 그래. AB형은 A형의 성질도 B형의 성질도 모두 가지고 있어. 그래서 표준 A혈청을 떨어트려도, 표준 B혈청을 떨어트려도 모두에 응집 반응이 일어난단다. 거꾸로 말하면, 두 가지 혈청과 모두 응집 반응을 일으키는 혈액은 AB형이라는 걸 알 수 있지. 자, 이제 종아의 혈액형이 뭔지 알아보자꾸나."

캡모자 쌤이 혈액형 검사를 하기 위한 준비물을 챙겼다.

"그럼 O형은 어떻게 돼요? 혹시 O형은 아무 혈청과도 반응하지

확률로 유전의 비밀을 풀어라!

않나요?"

종아가 캡모자 쌤을 보고 고개를 갸웃거렸다. 캡모자 쌤은 흐뭇한 표정으로 고개를 가볍게 끄덕였다.

"그렇지. AB형과 정반대로 아무 혈청과도 반응하지 않아. 그래서 표준 A혈청과 표준 B혈청만 있으면 혈액형이 A형인지 B형인지 AB형인지 O형인지 판단할 수 있는 거지. 그럼 여기서 질문을 하나 더 할까?"

우리는 둘 다 캡모자 쌤의 말에 집중했다.

"혈청의 종류는 표준 A혈청과 표준 B혈청 단 두 가지뿐인데 어떻게 A형, B형, O형, AB형의 네 가지 혈액형을 구분할 수 있는 걸까?"

이번에는 나도 질 수 없어서 나섰다. 경우의 수를 따지는 거라면 자신 있었다.

"한 가지 혈청이 각각 두 가지 경우의 수를 가지기 때문이에요."

"그게 무슨 말이야?"

종아가 나에게 물었다. 나는 어깨가 으쓱해져서 말을 이었다.

"어렵지 않아. 표준 A혈청을 넣었을 때 반응하거나 안 하거나, 이렇게 두 가지 경우가 있잖아. 마찬가지로 표준 B혈청을 넣었을 때도 반응하거나 안 하는 두 가지 경우가 있어. 그래서 전체 경우의 수는 2×2=4, 총 네 가지가 되는 거야."

하지만 종아는 여전히 내 말을 이해하지 못한 표정이었다. 그러자

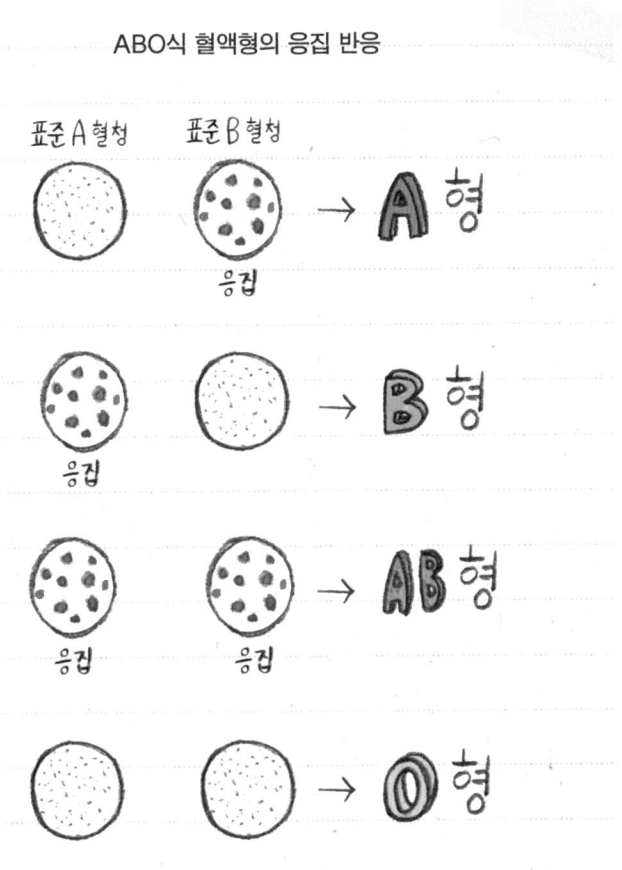

ABO식 혈액형의 응집 반응

확률로 유전의 비밀을 풀어라!

캡모자 쌤이 칠판에 네 가지 혈액형의 응집 반응을 그렸다.

"그림이나 표로 보면 훨씬 쉬울 거야. 여길 보렴. **표준 B혈청하고만 응집하면 A형, 표준 A혈청하고만 응집하면 B형, 두 가지 혈청 모두와 응집하면 AB형, 두 가지 혈청과 모두 반응하지 않으면 O형이란다.**"

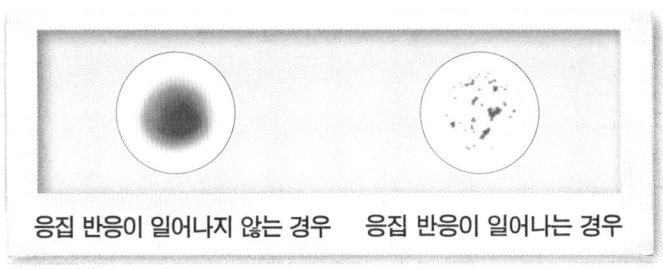

응집 반응이 일어나지 않는 경우　　응집 반응이 일어나는 경우

"아, 그래서 모두 네 가지 경우가 나오는 거구나."

"그럼 이제 진짜로 종아의 혈액형을 알아보자. 손끝이 조금 따끔할 거야."

캡모자 쌤이 종아의 손가락 끝을 뾰족한 침으로 콕 찔렀다. 종아의 손가락에 빨간 피가 맺혔다. 캡모자 쌤은 준비해 둔 유리판에 종아의 피를 두 군데로 나눠 묻혔다. 두 가지 혈청을 따로 떨어트려 반응을 살피기 위해서였다.

"자, 이제 혈청을 떨어트려 볼게."

캡모자 쌤이 스포이드로 종아의 피에 표준 A혈청과 표준 B혈청을 떨어트렸다. 종아는 손가락이 따가운 것도 잊었는지 유리판에서

눈을 떼지 않았다.

'제발 어느 한쪽이라도 응집 반응이 일어나라.'

나는 마음속으로 간절하게 외쳤다. 어디든 한쪽만 응집하고 다른 한쪽은 반응하지 않으면 종아의 혈액형은 A형이나 B형이다. 그럼 종아의 고민은 쉽게 해결될 것이다. 하지만 한참을 바라보아도 두 군데 모두 아무런 변화가 없었다.

"두 군데 모두 반응이 없네. 그렇다면 종아의 혈액형은 O형이 맞다는 얘기야."

캡모자 쌤이 유리판을 들여다보며 종아에게 말했다. 종아는 금세

확률로 유전의 비밀을 풀어라!

울음이라도 터트릴 듯 울상이 되었다. 그 표정을 보니 나도 같이 슬퍼졌다.

"선생님, 저는 종아가 엄마랑 많이 닮았다고 생각해요. 종아가 친딸이 아니라는 건 말도 안 돼요."

나는 아무런 반응을 보이지 않는 혈액이 원망스러웠다. 하지만 캡모자 쌤은 우리를 보고 빙긋 웃을 뿐이었다.

"종아야, A형과 B형 혈액형을 가진 부모에게서도 O형이 태어날 수 있어."

"네? 어떻게요?"

"정말요?"

종아와 내가 놀라서 물었다.

	A	B	O
A	AA	AB	AO
B	AB	BB	BO
O	AO	BO	OO

세 가지 유전자로 생기는 9가지 유전자 쌍!

"혈액형은 A, B, O 이 세 가지 유전자가 결정하거든. 너희들이 모든 경우를 한번 따져 볼래? 사람들이 어떤 혈액형 유전자를 갖는지 말이야."

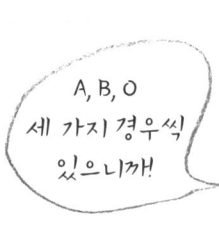

A, B, O
세 가지 경우씩
있으니까!

우리는 공책과 연필을 꺼내서 같이 표를 그리기 시작했다.

"혈액형 유전자는 A, B, O 세 가지가 있고, 그중 두 개의 조합이 유전자 쌍이 돼요. 따라서 혈액형 유전자 쌍은 $3 \times 3 = 9$, 모두 아홉 가지가 나올 수 있어요."

우리는 A, B, O 세 가지 혈액형 유전자로 만들 수 있는 아홉 가지의 유전자 쌍을 한 칸 한 칸 적었다.

"잘 따졌네. 실제로 사람이 가지고 있는 혈액형 유전자의 모습은 아홉 가지나 된단다. 하지만 혈액형은 A형, B형, O형, AB형 이렇게 네 가지로만 나타나지."

캡모자 쌤이 표를 보며 말했다.

"어? 선생님, AA는 당연히 A형이고 BB는 당연히 B형일 텐데 AO나 BO는 뭐죠?"

종아가 고개를 갸웃거렸다.

"너희들 우성 유전자와 열성 유전자 기억나니?"

확률로 유전의 비밀을 풀어라!

캡모자 쌤은 대답 대신 질문을 던졌다.

"그럼요. 두 형질이 만났을 때 드러나는 건 우성, 숨는 건 열성 유전자라고 해요. 그건 왜요?"

캡모자 쌤과 종아가 우성과 열성 이야기를 꺼내자 떠오르는 게 있었다.

혈액형 유전도 우성과 열성이 있구나.

"선생님, 혹시 A, B, O로 나타나는 혈액형 유전자 사이에도 우성과 열성이 있어요?"

"정답! A유전자나 B유전자가 O유전자에 대해서 우성이란다. 그래서 유전자 쌍이 AO이면 A형이 되고, 유전자 쌍이 BO일 경우에는 B형이 돼."

"그럼 A유전자와 B유전자가 만나면요? 둘 중에는 어떤 유전자가 우성이에요?"

종아가 물었다.

"유전자 사이에 우열이 확실하다면 두 유전자 중 어느 한쪽의 모습만 형질로 나타나. 하지만 두 유전자 사이에 우열이 명확하지 않다면 두 가지 성질을 동시에 가지는 형질이 나타나기도 한단다. 그래서 A유전자와 B유전자가 만나면 AB형이 된단다. 두 유전자 사이의 우열이 확실치 않거든."

	A	B	O
A	AA	AB	AO
B	AB	BB	BO
O	AO	BO	OO

혈액형의 유전자형 → **혈액형의 표현형**

나는 혈액형 유전자에도 우성과 열성이 있다는 사실이 새삼 신기했다. 아까 종아와 함께 써 넣은 혈액형 유전자 쌍이 각각 어떤 혈액형으로 나타나는지가 궁금해졌다.

"그럼 유전자 쌍이 AA이거나 AO인 경우 A형이고, 유전자 쌍이 BB이거나 BO인 경우는 B형이네요. 그리고 유전자 쌍 AB는 AB형이고, 유전자 쌍 OO는 O형. 맞죠?"

"와. 유정아, 네가 정리해 주니까 진짜 쉬운데."

종아가 나를 보고 엄지를 치켜들었다. 하지만 표정은 여전히 밝지 않았다. 아마 고민이 아직 해결되지 않아서일 것이다. 내가 걱정스런 표정으로 캡모자 쌤을 슬쩍 올려다봤다.

확률로 유전의 비밀을 풀어라!

"아직은 힌트가 부족한가 보구나. 그래, 선생님이 이제부터 종아의 고민을 해결해 줄게. 너희가 그린 표에서 혈액형 유전자 쌍이 AO인 사람과 BO인 사람이 만나면 그 자손의 혈액형은 뭐가 될까?"

"선생님, 너무해요. 해결해 준다면서 또 물으시는 거예요? 종아는 지금 심각한 고민에 빠져 있는데."

내 항의에 캡모자 쌤이 살짝 미소를 지었다. 뭔가 비밀이 있는 것 같았다.

"지금 이 문제가 종아의 고민을 푸는 실마리가 될 거거든. 자, 같이 알아보도록 하자. **A형인 종아 어머니의 유전자 쌍이 AO이고, B형**

인 종아 아버지의 유전자 쌍이 BO라면?"

"그럼 엄마는 A랑 O를 줄 수 있고, 아빠는 B랑 O를 줄 수 있어요. 그러니까 나올 수 있는 자손의 혈액형은…… AB, AO, BO, OO 이렇게 네 가지니까…… 어라?"

나는 네 가지 경우의 수를 말하다가 깜짝 놀랐다. 동시에 종아도 소리쳤다.

"OO라고? O형도 나올 수 있어!"

"그래. 유전자 쌍 AO와 유전자 쌍 BO가 만나면 자손의 유전자 쌍이 OO가 될 수 있단다. 이제 고민이 풀렸니, 종아야?"

내 눈에는 캡모자 쌤이 고민을 해결해 주는 도사님처럼 보였다.

"거 봐, 내가 뭐랬어!"

내가 소리치며 종아의 어깨를 붙잡았다. 종아도 기뻐하며 나를 바라보았다.

"고마워, 유정아. 너 아니었으면 알아볼 용기를 못 냈을 거야. 정말 고마워."

"아니야. 뭘."

나는 눈물을 글썽이는 종아의 손을 잡아 줬다.

"아까 A형이라서 소심하다고 놀린 것 미안해. 그런데 그 말은 맞는 것 같아. 크크."

고민이 해결되자 종아가 다시 장난을 쳤다.

"뭐라고? 너! 선생님, 종아가 자꾸 혈액형이 성격을 나타낸다면서 놀려요."

우리가 티격태격하는 걸 보고 캡모자 쌤이 나섰다.

"정말로 혈액형이 성격을 결정할까?"

캡모자 쌤의 물음에 나는 고개를 가로저으며 말했다.

"에이, 말도 안 돼요. A형, B형, O형, AB형 각 혈액형이 나올 확률은 전체 네 가지 중에 한 가지인 $\frac{1}{4}$이고 70억 인구의 $\frac{1}{4}$은 대강 17억~18억 명 정도예요. 그 많은 사람들이 모두 똑같은 성격이라는 것은 말도 안 돼요."

"그래. 수학적으로 잘 따져 보았구나. 그런데 틀린 부분을 조금 고치면 더욱 좋겠구나."

"틀린 부분이 있다고요?"

종아가 놀라며 물었다. 수학이라면 자신이 있는데 내 계산이 틀렸다니 나도 놀라긴 마찬가지였다.

" $\frac{(부분\ 경우의\ 수)}{(전체\ 경우의\ 수)}$ 로 확률을 말하는 건 각 경우가 나올 가능성이 같다고 말할 수 있을 때만 가능하단다. A형, B형, O형, AB형이 나올 각각의 가능성이 다르기 때문에 $\frac{1}{4}$ 이라고 하는 것은 정확하지 않지. 실제로 AB형의 비율은 세계 인구의 5퍼센트 정도에 불과해. 아, 하지만 수많은 사람들이 같은 성격일 수 없다는 유정이의 지적은 옳아."

"성격을 단 네 가지로만 구분하는 건 말이 안되는 거였네요."

종아가 캡모자 쌤의 말에 맞장구를 쳤다.

"아, 아. 지인도 주민들께 급히 안내 말씀드립니다!"

그때 갑자기 안내 방송이 시작됐다. 우리는 서둘러 천막 밖으로 나가 나무에 매달린 스피커에 귀를 귀울었다.

"근처 바다에서 사람이 다쳐서 위중한 상태라고 합니다. 피를 많이 흘려 수혈이 필요한데 육지까지 들어가려면 시간이 오래 걸려서 급히 AB형 혈액을 구합니다. 혈액형이 AB형이신 분은 보건소로 와 주세요."

확률로 유전의 비밀을 풀어라!

이장님의 다급한 목소리였다.

"AB형은 아니지만 얼른
가 봐야겠구나."

"선생님, 저희도 같이 가
요. 가서 뭐라도 도울게요."

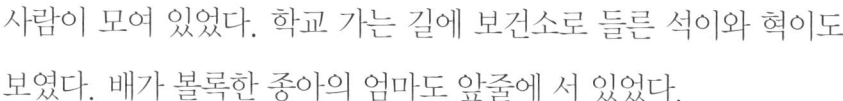

나와 종아도 달려가는 캡모자 쌤
을 뒤따랐다. 보건소에는 벌써 여러
사람이 모여 있었다. 학교 가는 길에 보건소로 들른 석이와 혁이도
보였다. 배가 볼록한 종아의 엄마도 앞줄에 서 있었다.

"엄마, 우리도 왔어요."

종아가 얼른 달려가 엄마 품에 안겼다. 혈액형에 대한 오해가 풀
려서 표정이 밝았다.

"어, 종아야. 그런데 어쩌면 좋니? AB형인 사람이 없대."

주변을 둘러보니 마을 사람들이 웅성거리고 있었다. 섬에 사람이
많지 않아서인지 AB형을 찾기가 어려웠다. 캡모자 쌤은 그 말을
듣자마자 의사 선생님에게 바로 달려갔다. 의사 선생님은 캡모자
쌤이 자리에 앉자마자 혈액형을 검사했다.

"선생님, B형이시네요."

"네."

의사 선생님이 캡모자 쌤의 왼팔에 주삿바늘을 찌르고 관을 연결

했다. 그러자 피가 관을 타고 나와 연결된 비닐 팩에 모이기 시작했다. 캡모자 쌤은 얼굴 한 번 찡그리지 않고 헌혈을 마쳤다.

"다친 사람에게 이 혈액이 꼭 도움이 되었으면 좋겠구나."

하지만 나는 B형 혈액이 어떻게 도움이 된다는 건지 아리송했다.

"선생님, 필요한 혈액은 AB형이잖아요. 그런데 선생님은……."

"그래, 난 B형이란다. **보통은 같은 혈액형끼리 피를 주고받아. 그걸 수혈이라고 하지. 당연히 같은 혈액형을 전달해야 부작용이 없고 안전하단다.** 그런데 위급할 때는 B형 혈액을 AB형에게 수혈하기도 해. 오늘처럼 말이다."

"네? 같은 혈액형이 아닌데 그래도 돼요?"

내가 깜짝 놀라 물었다.

"응. 아까 혈청으로 혈액형을 검사한 것과 같은 원리란다. 응집 반응을 일으키지 않은 O형은 A형이나 B형 그리고 AB형 모두에게 수혈할 수 있단다."

"그럼 A형은 B형에게 수혈하지 못하겠네요. 응집 반응이 일어나잖아요."

종아가 말했다.

"그렇지. 두 혈액이 섞여서 응집 반응을 일으킨다면 수혈한 후에 혈액이 정상적인 역할을 할 수가 없지. 그래서 A형과 B형은 서로 수혈할 수 없단다. 반면 A형과 B형 모두 AB형에게는 수혈할 수 있

확률로 유전의 비밀을 풀어라!

어. AB형은 A의 성질을 모두 가지고 있기 때문에 소량일 경우 A형 혈액과 만나서 응집 반응을 일으키지 않는단다. 그렇지만 A형 혈액을 대량 수혈을 하는 경우에는 AB형의 B형 성질에 의해서 결국 응집반응이 일어나지. B형 역시 AB형에게 소량 수혈이 가능하고."

"그럼 소량일 경우 O형은 누구에게나 수혈할 수 있고, AB형은 누구에게나 수혈받을 수 있네요."

내가 캡모자 쌤의 말을 정리했다. 캡모자 쌤이 고개를 끄덕이다가

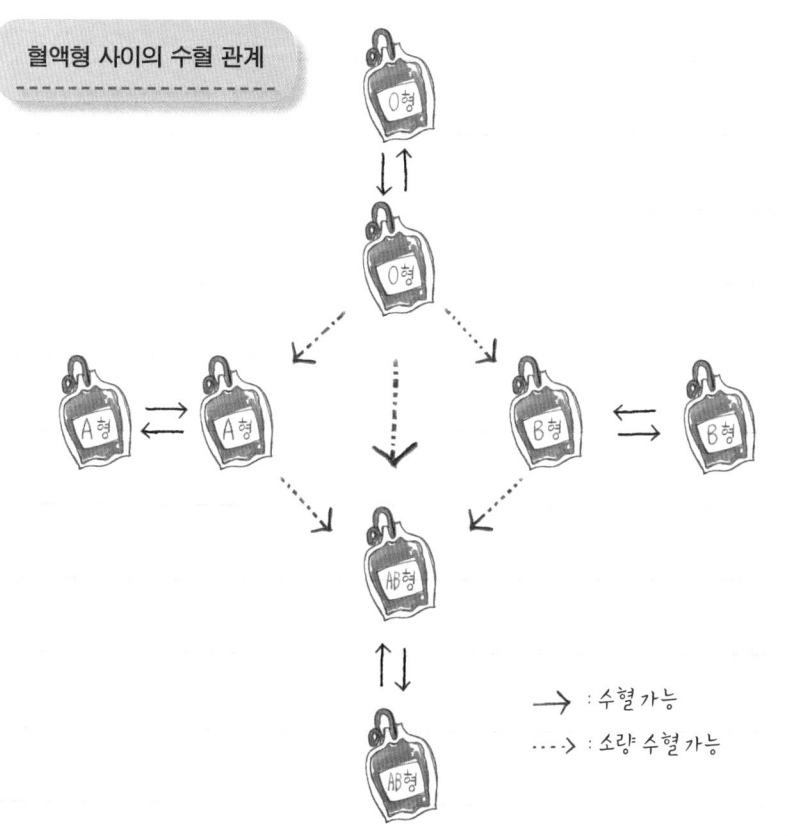

혈액형 사이의 수혈 관계

→ : 수혈 가능
┈┈> : 소량 수혈 가능

급하게 멈췄다.

"아, 다른 혈액형인 혈액을 수혈할 때는 적은 양을 수혈해야만 한단다. 사실 혈액형에는 A형, B형, AB형, O형으로 나타내는 혈액형 말고도 여러 종류의 혈액형 분류법이 있는데, 가능하면 서로 같은 혈액형이라야 부작용이 없거든. 오늘은 긴급한 상황이라 AB형 혈액을 구하기 전에 수혈 가능한 다른 혈액이 필요할까 봐 조금이라도 헌혈한 거야."

캡모자 쌤이 설명하는 사이에 부두에 배가 들어왔다.

"육지로 나가는 배인가 봐요."

"다행히 배가 빨리 왔구나. 시내에 가면 환자에게 맞는 AB형 혈액이 있을 거야."

우리는 놀란 가슴을 쓸어내리며 육지로 나가는 배를 배웅했다.

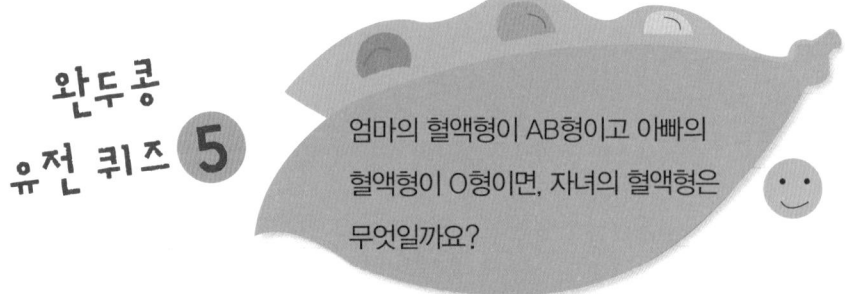

완두콩
유전 퀴즈 5

엄마의 혈액형이 AB형이고 아빠의 혈액형이 O형이면, 자녀의 혈액형은 무엇일까요?

확률로 유전의 비밀을 풀어라!

8 마을이 무채색인 이유

이제 이곳에 완벽하게 적응해서 요즘은 새벽에도 깨지 않고 아침까지 달게 잔다. 오늘도 아침 일찍 일어나 방문을 열고 나왔다.

'깟깟깟!'

우리 집 감나무 위에 까치 두 마리가 앉아 울고 있다.

"엄마! 감나무에 까치가 왔어요."

아침밥을 준비하던 엄마도 밖으로 나왔다.

"정말이네. 까치가 울면 반가운 소식이 온다고 하던데."

나는 엄마의 말씀처럼 정말 좋은 소식이 생길지 궁금했다. 대문 밖으로 종아 할머니가 지나가는 모습이 보였다. 아마도 뒷산에 갔다가 내려오시는 모양이었다.

"안녕하세요."

대문을 열고 나가 큰 소리로 인사를 드렸다.

"유정이구나. 일찍 일어났네."

종아 할머니가 반가운 표정으로 나를 향해 손짓했다.

"이걸 한번 먹어 보려무나."

종아 할머니는 익지 않은 초록색 감 하나를 쑥 내밀었다.

"지난번에 너를 너무 나무란 것 같아서 미안하구나. 이건 오늘 우리 집 감나무에서 딴 거야. 정말 맛있단다."

종아 할머니는 웃으면서 내 손에 감을 쥐여 주었다. 그러나 이건 누가 보더라도 익지 않은 감이다. 색만 봐도 쉽게 알 수 있었다.

확률로 유전의 비밀을 풀어라!

잘 익은 감은 불그스름하고 안 익은 감은 초록색이다.

"할머니, 이건 안 익은 건데요."

"그래? 어떻게 먹어 보지도 않고 감이 익었는지 안 익었는지 알 수 있니? 아침에 따 먹은 감은 정말 맛있었단 말이다."

종아 할머니는 실망한 표정으로 중얼거렸다.

"에이. 색깔만 봐도 알 수 있잖아요."

"색깔? 색깔로는 구별하기 어려운데."

종아 할머니는 아직도 내 얘기가 무슨 뜻인지 모르시는 듯했다.

"잘 익은 감은 불그스름하고 안 익은 감은 초록색이잖아요."

말이 안 통하니 마음이 답답해졌다.

"지난번에는 확률인지 뭔지로 어른을 가르치려 들더니 오늘도 이상한 말을 하는구나. 회색 감을 가지고 초록색이라고 우기질 않나. 에잉."

'회색? 할머니가 나를 놀리시는 건가?'

할머니는 내게 서운하다는 듯이 말하고 길을 따라 내려갔다. 감을 다시 보았다. 확실히 초록색이었다. 나는 뭔가에 홀린 것 같은 기분이 들었다. 부엌으로 들어가서 엄마에게 물었다.

"엄마, 이 감이 무슨 색으로 보이세요?"

"초록색. 왜? 무슨 문제라도 있니?"

엄마는 그런 걸 왜 묻느냐는 듯 되물었다. 하긴 이렇게 당연한 걸 묻는 나도 이상한 것 같았다. 나는 그 초록색 감을 손에 들고 이리 저리 살펴보며 학교로 향했다.

"유정이구나. 학교 가는 길이니?"

지난번에 만났던 아주머니다.

"학교를 일찍도 가네. 그런데 왜 그렇게 감을 뚫어지게 보는 거야? 너무 먹음직스러워서 언제 먹을지 고민하는 거야?"

아주머니가 재미있다는 듯 씨익 웃었다. 나는 아주머니의 말에 깜짝 놀랐다.

'먹음직스럽다고?'

초록색 감이 먹음직스럽다는 것이 이상했다.

"아주머니, 이 감이 무슨 색으로 보이세요?"

나는 혹시나 하는 마음에 아주머니에게 물었다.

회색이라니 말도 안 돼.

확률로 유전의 비밀을 풀어라!

"얘도 참. 색이 별다를 게 있어? 회색으로 비슷비슷하지."

나는 깜짝 놀라 아주머니에게 얼른 인사하고 학교로 뛰었다.

"선생님! 선생님!"

나는 학교에 들어서자마자 캡모자 쌤을 찾았다. 캡모자 쌤은 아침 일찍 나와 쌍둥이 형제들과 잡초 정리를 하고 있었다. 종아는 아직 보이지 않았다.

"선생님, 이 감이 무슨 색으로 보이세요?"

나는 다짜고짜 캡모자 쌤에게 그 의문의 초록색 감을 내밀었다. 나는 캡모자 쌤이 어떤 대답을 할지 매우 궁금했다.

"뭐 그런 걸 다 묻냐? 초록색이잖니. 아직 익지도 않은 것을 땄구나. 이런 건 떫어서 못 먹어요."

다행히 캡모자 쌤은 초록색이라고 말했다. 쌍둥이 형제들도 똑같이 대답했다. 나는 안도의 한숨을 쉬고 말을 이었다.

"선생님, 그런데 이 감을 회색으로 보는 사람이 있어요."

"뭐라고? 회색?"

캡모자 쌤도 깜짝 놀라며 말했다.

"네. 종아 할머니랑 마을

할머니가 색맹이신가 보다.

아주머니는 이 감을 보고 회색이래요. 저한테 거짓말을 하실 리는 없는데……."

나는 도저히 이 상황이 이해가 안 되었다.

캡모자 쌤은 한참을 곰곰이 생각하더니 입을 열었다.

"음…… 좋아 할머니가 색맹이실 수도 있겠는걸."

"색맹? 색맹이 뭐예요?"

쌍둥이 형제가 캡모자 쌤에게 물었다.

"색깔을 제대로 보지 못하고 검은색이나 흰색 같은 무채색으로만 모든 색을 구별하는 증상을 색맹이라고 한단다."

색맹은 세상을 흑백으로 본다고?

확률로 유전의 비밀을 풀어라!

"세상을 무채색으로 본다고요?"

"그래. 혹시 흑백 사진을 본 적이 있니?"

"네. 할머니와 할아버지의 모습이 담긴 옛날 사진을 본 적이 있어요. 저는 처음에 흑백 사진을 보고 불에 그을린 줄 알았어요."

내가 흑백 사진을 떠올리며 대답했다.

"색맹인 사람들에게는 세상이 흑백 사진처럼 보인단다."

"정말요? 그럼 빨간색도 노란색도…… 다른 색들도 볼 수 없다고요? 세상에!"

나는 세상을 무채색으로 보는 사람이 있다는 사실에 깜짝 놀랐다. 그리고 아름다운 색들을 볼 수 없다는 사실이 믿기지 않았다.

"그런데 유정아, 안타깝게도 색맹은 유전된단다."

나는 유전이라는 말에 깜짝 놀랐다. 옆에 있던 석이가 물었다.

"유전되는 거라면…… 그럼 할머니가 색맹이니까 종아 누나도 색맹이라는 거예요?"

"색맹이라고 단정 지을 수는 없고 색맹일 가능성이 있는 거지."

"종아가 색맹은 아니겠죠?"

나는 갑자기 걱정이 앞섰다.

"안녕하세요!"

멀리서 종아가 손을 흔들며 큰 목소리로 인사했다. 우리도 종아를 향해 크게 손을 흔들어 주었다.

"그런데 색맹, 그게 뭐야?"

종아가 물었다. 다가오면서 색맹이라는 말을 들었나 보다.

"너, 이 감이 무슨 색으로 보여?"

나는 조심스럽게 감을 보여 주며 물었다. 종아의 대답을 기다리며 나도 모르게 침을 꿀꺽 삼켰다.

"초록색."

종아는 아무 일 없다는 듯 자연스럽게 대답했다.

"휴."

종아가 색맹이 아니라는 것을 확인하니 안도의 한숨이 나왔다.

다행이다. 종아는 색맹이 아냐.

"그걸 왜 묻는 거야? 응? 색맹이 뭔데?"

"색맹 유전자를 지닌 사람은 색을 제대로 보지 못하고 무채색으로만 구별한대. 그런데 너희 할머니가 색맹이신 것 같아. 나에게 이 감을 주면서 회색이라고 하셨어."

색맹은 유전될 수 있대.

안타까운 마음에 내 목소리가 작아졌다.

"아, 그래서 그랬구나. 우리 할머니는 색을 잘 구

확률로 유전의 비밀을 풀어라!

분하지 못하셔. 나는 할머니 연세 때문인 줄 알았는데……."

종아도 놀라면서 말했다.

"색맹은 유전된대. 그래도 다행히 종아 누나에게는 색맹이 유전되지 않았네."

석이가 종아를 보며 말했다.

"그러게. 세상의 색을 제대로 볼 수 있어서 참 다행이다. 그런데 혹시……."

종아가 갑자기 말을 흐렸다.

내 동생도
색맹이
되는 건가?

"혹시 뭐?"

"혹시 다음 달에 태어날 내 동생이 색맹일 수도 있을까?"

종아가 걱정스런 얼굴로 말했다. 종아의 얘기를 듣고 나니 나도 종아의 동생이 걱정됐다. 석이와 혁이도 캡모자 쌤을 보고 눈을 깜빡였다.

"선생님도 종아 동생이 색맹이 아니었으면 좋겠다. 가족들이 색맹인지 아닌지를 알면 종아의 동생이 색맹일지 아닐지 따져 볼 수도 있는데, 확인해 볼까?"

"네, 네!"

우리는 서둘러 캡모자 쌤을 따라 교실로 향했다.

"먼저 색맹이 유전되는 과정부터 살펴보고 그것을 바탕으로 가계도를 만들 거야. 그러면 종아의 동생이 색맹일지 아닐지 추측해 볼 수 있단다."

"가계부요? 그건 엄마가 물건을 팔거나 사고 나서 적으시는 건데……."

혁이가 고개를 갸웃거리며 말했다.

"그건 가계부잖아."

석이가 혁이를 나무랐다.

"하하, 그래. 우리가 그릴 건 가계도란다. **가계도는 한 집안의 유전에 대해 연구할 때 가족들의 관계를 선으로 나타낸 그림을 말해.**"

캡모자 쌤이 혁이에게 자세히 설명해 줬다.

"우선 색맹 유전자의 특징을 알려 줄게. **색맹 유전자는 성염색체 중 X염색체에 위치한단다.**"

"색맹 유전자가 성염색체에 존재한다고요? 성염색체는 남자와 여자만 결정하는 줄 알았는데……."

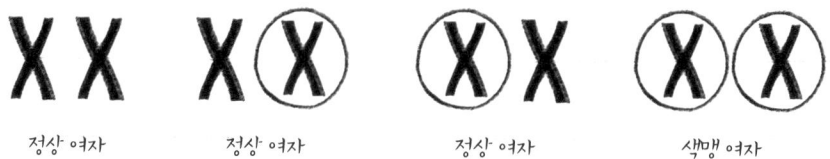

정상 여자	정상 여자	정상 여자	색맹 여자

확률로 유전의 비밀을 풀어라!

종아가 신기해하며 말했다.

"선생님, 색맹인 X염색체를 ⓧ라고 나타내면 여자는 XX, ⓧX, Xⓧ, ⓧⓧ 이렇게 네 가지 경우가 생겨요."

나는 얼른 나올 수 있는 모든 경우를 떠올리며 말했다.

"선생님, 이 경우에 ⓧⓧ인 여자는 확실히 색맹이에요. 색맹 유전자만 가지고 있으니까요."

석이가 말했다.

"그런데 ⓧX, Xⓧ인 여자의 경우에는 두 유전자 중에서 하나는 색맹이고 하나는 정상이니까 어떤 형질이 나올지 모르겠어요. 혹시 색맹 유전자에도 우성과 열성이 존재하나요?"

색맹 유전자가 열성이구나.

종아가 캡모자 쌤에게 물어보았다.

"물론 존재하지. **정상인 유전자가 우성이고 색맹인 유전자가 열성이란다.**"

"그렇다면 Xⓧ, ⓧX인 여자는 색맹이 아니네요. 정상인 우성 유전자의 형질만 나타나고 열성인 색맹 형질은 숨어 있게 되니까요."

나는 색맹 유전의 특징을 알 것 같았다.

"그렇단다. 그리고 남자의 경우는 어떨까?"

"남자는 성염색체가 XY 예요. 그리고 색맹 유전자는 성염색체 중 X에만 존재하니까 XY이거나 ⓧY인 두 가지 경우가 있어요."

정상 남자

색맹 남자

"그래. **남자의 경우는 ⓧY에서 우성 형질인 정상 X유전자를 갖지 못하니까, 남자는 색맹 유전자를 하나만 지녀도 색맹이야.** 즉, 남자는 X염색체에 색맹 유전자가 있으면 100퍼센트 색맹이지. 그에 비해 여자는 두 개의 X염색체에 모두 색맹 유전자가 있어야만 색맹이란다."

"그럼 남자가 색맹이 될 확률이 더 높네요?"

석이가 깜짝 놀라 물었다.

"그래. 실제로 색맹은 남자에게서 더 많이 나타나. 남자는 색맹이 될 확률이 약 5퍼센트 정도지만 여자는 색맹이 될 확률이 약 0.5퍼센트에 불과하단다."

"남자가 뭔가 더 불리한 것 같아요."

혁이가 중얼거렸다.

"색맹에 있어서는 그렇구나. 그럼 이제 종아 동생의 경우를 살펴볼까?"

내 동생이
색맹이 아니길…

확률로 유전의 비밀을 풀어라!

"제 동생이 색맹이 아니었으면 좋겠어요."

종아가 기도하듯 손을 모으고 말했다. 종아를 보니 나도 긴장이 됐다.

"가계도는 수평과 수직인 선으로 나타낸단다. 수평선은 결혼 관계나 형제 자매의 관계를, 수직선은 부모 자식 간의 관계를 나타내지. 지금부터 종아네 집의 가계도를 그려 볼 거야. 종아 할머니, 할아버지의 성염색체부터 적어 볼까?"

캡모자 쌤이 칠판 맨 위쪽에 할머니 얼굴을 그리기 시작했다.

"종아 누나 할머니는 색맹이에요. 여자인데 색맹이니까 ⓧⓧ로 나타낼 수 있어요."

석이가 먼저 말했다. 캡모자 쌤이 그 말을 듣고 할머니 얼굴 아래 ⓧⓧ라고 적었다.

"선생님, 할아버지의 유전자는 어떻게 나타내요? 할아버지는 돌아가셔서 색맹인지 아닌지 알 수 없는데요."

"XY일 수도 있고 ⓧY일 수도 있네."

"그럼 모르니까 일단 둘 다 적어 두도록 하자."

캡모자 쌤은 할아버지 얼굴을 그린 후 그 아래에 'XY 혹은 ⓧY'라고 적어 넣었다.

"그럼 이제 종아 할아버지와 할머니 사이에서 태어난 종아 아버지에 대해서도 살펴보자."

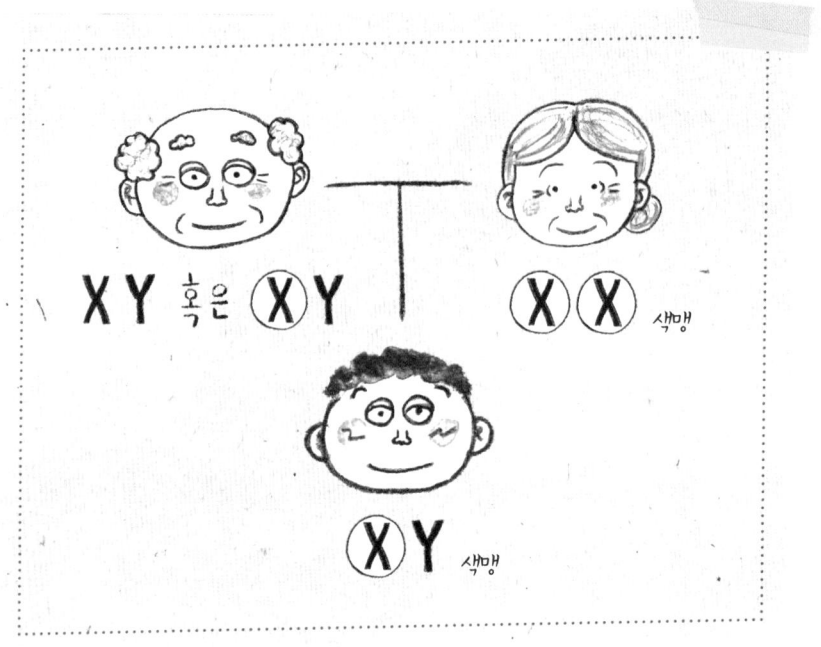

캡모자 쌤은 할아버지와 할머니 사이에 그은 수평선에서 아래로 수직선을 긋고 종아 아버지를 그려 넣었다. 남자니까 성염색체는 XY인 것이 틀림없지만 XY일지 ⓧY일지는 알 수 없었다. 그때 혁이가 외쳤다.

"종아 누나 아빠의 Y염색체는 할아버지로부터 받은 거예요. 그리고 X염색체는 할머니로부터 받은 거고요. 할머니는 색맹 유전자를 포함하는 ⓧ염색체만 가지고 있으니 종아 누나의 아빠는 ⓧY염색체인 게 분명해요."

확률로 유전의 비밀을 풀어라!

남자는 엄마에게서
X염색체를
받으니까.

"그래. 할머니가 색맹이면 아버지도 100퍼센트 색맹이시구나."

캡모자 쌤은 종아 아빠의 얼굴을 그리고 그 밑에 ⓧY라고 써 넣었다.

"아빠도 색깔 구분을 잘 못하셨는데 색맹이셨구나."

종아가 고개를 떨구며 중얼거렸다. 나는 종아 할아버지의 유전자도 모르는 상태에서 종아 아빠의 색맹을 알 수 있다는 것이 신기했다.

"그럼 누나네 엄마는?"

혁이가 종아를 보며 물었다.

"아, 우리 엄마는 색맹이 아냐. 아닐 거야."

종아는 확실하지 않은 듯 말을 흐리다가 뭔가 생각이 난 듯 다시 말하기 시작했다.

"저는 아빠로부터 ⓧ염색체를 무조건 하나 받아야 하니까 저에게 는 색맹 유전자가 하나 있겠네요. 그리고 저는 색맹이 아니니까 정 상 유전자를 가진 X염색체도 가지고 있을 테고요. 그런데 그 정상 인 X염색체는 엄마로부터 받은 거예요. 그러니 엄마도 정상인 X염

227

종아네 색맹 가계도

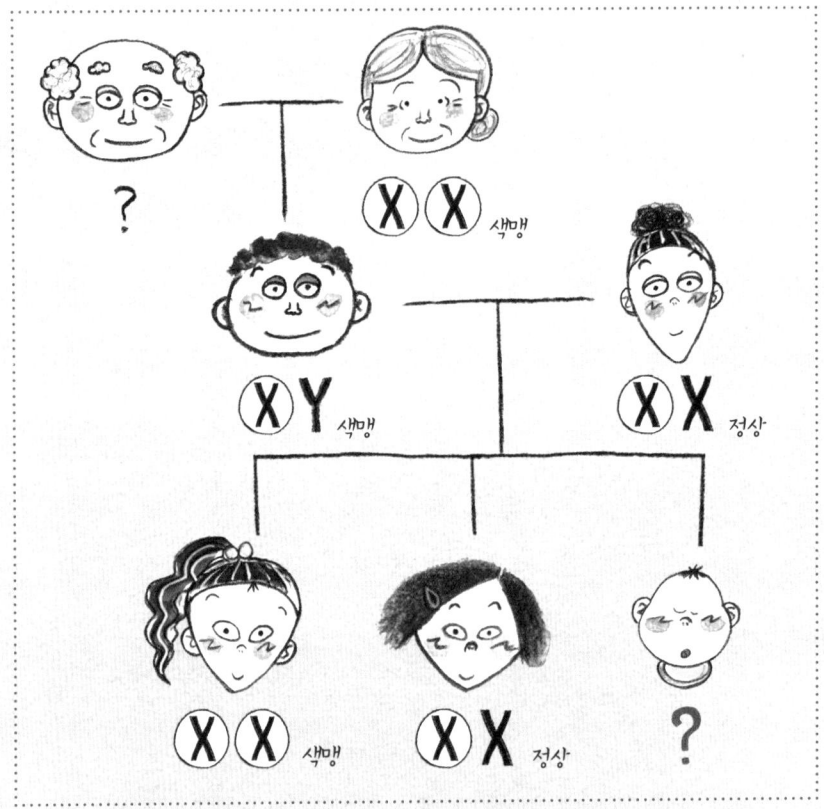

색체를 최소 한 개는 가지고 있는 게 확실해요. 엄마는 당연히 색맹
이 아니겠네요."

"그렇구나. 그러면 이제 곧 동생이 색맹일지도 알 수 있겠는걸.
종아야, 엄마가 모두 정상 유전자를 가지고 있는지 아니면 하나만

확률로 유전의 비밀을 풀어라!

정상이고 나머지 하나는 색맹 유전자인지 정확하게 알 필요가 있겠다. 혹시 형제 중에 색맹인 사람이 또 있니?"

캡모자 쌤이 종아에게 물었다. 종아가 곰곰이 생각하다가 말했다.

"아! 서울에서 대학교에 다니는 큰언니가 색맹인 것 같아요. 색을 잘 구분하지 못해서 엄마가 항상 할머니를 닮았다고 말했거든요."

"종아야, 너희 큰언니가 색맹이면 유전자는 ⓧⓧ가 확실해. 큰언니도 아빠와 엄마 모두로부터 ⓧ염색체를 받았을 테니 너희 엄마의 염색체 중에 분명 색맹 유전자가 하나 들어 있겠다. 그럼 너희 엄마의 유전자는 ⓧX 또는 Xⓧ야."

내가 말했다.

"그렇겠구나. 그런데 확률을 따질 때는 ⓧX라고 하든 Xⓧ라고 하든 똑같으니까 ⓧX라고 적어 두마."

캡모자 쌤은 마지막으로 종아 엄마의 자리에 ⓧX라고 써 넣었다. 그리고 종아의 자리에도 ⓧX라고 써 넣었다. 이제 곧 태어날 종아의 동생 차례였다.

"선생님, 이건 제가 해결할 수 있을 것 같아요."

혁이가 칠판 앞으로 자신 있게 걸어 나왔다.

"종아 누나의 아빠가 줄 수 있는 성염색체는 ⓧ, Y이고 종아의 엄마가 줄 수 있는 성염색체는 ⓧ, X이에요. 그러면 태어날 수 있는 아이의 모든 경우의 수를 따져볼 수 있을 것 같아요."

혁이는 얘기하면서 칠판에 표를 그렸다.

"표에서 보는 것처럼 종아 누나의 부모님 사이에서는 ⓧⓧ, ⓧY, ⓧX, XY 이렇게 네 가지 경우의 쌍이 나올 수 있어요. 이 중에서 색맹이 되는 경우는 ⓧⓧ, ⓧY이고, 색맹이 아닌 경우 는 ⓧX, XY의 두 가지예요. 따라서 **종아 누나의 동생이 색맹이 될 확률은** $\dfrac{(부분\ 경우의\ 수)}{(전체\ 경우의\ 수)}$ **인** $\dfrac{2}{4}$ **가 되고 약분하면** $\dfrac{1}{2}$ **이 돼요.**"

혁이가 정확하게 설명했다.

"확률이 $\dfrac{1}{2}$ 이면 50퍼센트라는 말이잖아. 그럼 색맹이 될 가능성 이 정확히 반이네."

확률로 유전의 비밀을 풀어라!

종아가 혁이의 설명을 듣고 말했다.

"네 동생이 색맹이 아니길 기도해 줄게."

내가 종아에게 말하는 순간 종아의 할머니가 떠올랐다. 사실 아무리 간절히 바란다 해도 가능성은 여전히 50퍼센트다. 종아의 동생이 아들일 가능성도 50퍼센트인데, 종아의 할머니도 지금의 나와 비슷한 심정이셨나 보다.

"선생님, 그런데 아까 제가 만났던 아주머니도 색맹이셨어요. 혹시 우리 마을에 색맹인 사람이 많은 게 아닐까요?"

나는 다른 사람들도 색맹이 아닐까 하는 의심이 들었다.

"그럴 수도 있지. 그럼 우리 마을 사람들의 색맹 여부를 조사해 보는 건 어떨까?"

우리 모두 고개를 끄덕였다.

"유정이가 가지고 있는 감을 들고 가서 색깔을 여쭤 볼까요?"

종아가 내가 들고 있던 감을 보면서 물었다.

"음. 감보다는 색맹 검사지를 보여 주는 게 좋을 것 같구나. 색맹에도 여러 종류가 있기 때문에 검사지로 더 정확하게 검사하는 게

정상인의 눈에
보이는 신호등

적록색맹인의 눈에
보이는 신호등

나을 거야. 종아 할머니처럼 흑백의 무채색으로만 색을 구별하는 색맹을 전색맹이라고 한단다. 그리고 다른 색깔은 다 구분하지만 빨간색과 초록색을 구분하지 못하는 색맹도 있는데 이것을 적록색맹이라고 하지. 그 외에도 파란색을 구분하지 못하거나 노란색을 구분하지 못하는 색맹도 있단다."

"빨간색과 초록색을 구분하지 못하다니, 그럼 신호등을 보는 것도 어렵겠네요."

나는 빨간색과 초록색이라는 말에 신호등이 번뜩 떠올랐다.

"그렇지. 적록색맹인 사람은 신호등의 빨간색 등과 초록색 등의 불빛을 구분할 수 없기 때문에 운전을 하는 데 어려움이 있단다."

캡모자 쌤은 우리에게 물감과 붓을 준비해서 나누어 줬다. 그리고 다 함께 물감과 붓을 이용해 동그란 점을 찍어 숫자를 썼다. 나는 캡

색맹 검사지

모자 쌤이 알려 주는 대로 바탕에 주황색 점을 찍고 초록색 점으로 숫자를 나타냈다.

"색맹인 사람들의 눈에는 주황색과 초록색이 잘 구분되지 않아. 그래서 색맹인 사람은 두 가지 색으로 점을 찍어 숫자를 쓰면 그걸 읽지 못한다. 숫자를 못 읽는 사람은 색맹이라는 걸 알 수 있지."

우리는 완성된 검사지 여러 장을 들고 교문을 나섰다.

"그런데 종아야, 혹시 모르니까 너희 어머니의 색맹 여부를 먼저 여쭤 보는 게 어떻겠니?"

캡모자 쌤의 제안에 우리는 모두 종아네 집으로 향했다. 종아도 내심 그게 걸렸는지 서둘러 집으로 달려갔다. 종아는 대문을 밀고 집에 들어서자마자 엄마에게 검사지를 들이밀었다.

"엄마, 엄마! 혹시 여기에 적힌 숫자 보여요? 보이죠?"

"아고, 깜짝이야. 73이잖니."

종아의 엄마가 곧바로 대답했다.

"휴, 다행이다. 엄마는 색맹이 아닐 줄 알고 있었어요. 엄마, 우리 마을 사람들이 색맹인지 아닌지 조사하고 올게요."

다시 집을 나서는 종아의 표정이 환해졌다. 우리는 마을 사람들을 만나러 골목을 나섰다. 얼마 가지 않아 이장님을 만났다.

"이장님, 안녕하세요."

"그래, 너희들이구나. 넷이 몰려다니는 것을 보니 또 뭔가를 하고 있나 보구나. 이상한 소문 같은 걸 내고 다니는 건 아니겠지?"

이장님은 웃으면서 말했다. 지난번의 GMO 사건을 말하시는 것이었다. 옆에 서 있던 캡모자 쌤도 씨익 웃었다.

확률로 유전의 비밀을 풀어라!

"에이, 이제 안 그래요. 그런데 이장님, 혹시 이 숫자 읽을 수 있으세요?"

종아가 이장님의 눈앞에 우리가 만든 검사지를 내밀었다. 이장님이 검사지를 보고 다시 우리를 바라봤다.

"아니, 여기에 숫자가 써 있단 말이냐?"

이장님은 검사지의 숫자를 읽지 못했다.

"아, 이장님도 색맹이시군요……."

내가 말끝을 흐리자 이장님이 손사래를 치며 말을 이었다.

"이제 보니 색맹 검사지였구나. 그래, 나는 색맹이란다. 지인도에 사는 우리 가족과 친척들도 색맹이 많아. 그 전 세대도 마찬가지였고. 이곳 지인도에는 우리 가문이 들어와 살면서 점차 마을을 이루게 됐지. 하지만 색맹이 많아서인지 마을을 꾸밀 때 다양한 색을 쓰지 못했어. 색깔을 구분할 수 있었다면 마을을 좀 더 알록달록하게 꾸밀 수 있었을 텐데……. 너희가 보기에는 많이 칙칙하지?"

이장님의 목소리에 안타까움이 묻어났다. 섬 안에 무채색 집이 많은 이유를 알 수 있었다.

"저희가 도와 드릴게요!"

석이가 먼저 말했다.

"네, 저희가 시간 내서 마을

우리 섬에
색맹이 많단다.

을 화사하게 꾸밀게요. 걱정 마세요."

"그래, 고맙다. 허허허."

이장님과 캡모자 쌤이 우리를 보고 너털웃음을 지었다. 이장님과 헤어지고 나서 학교로 돌아오는 길에 마을의 회색 담벼락이 눈에 들어왔다.

'색맹도 치료할 수 있으면 얼마나 좋을까? 캡모자 쌤의 대머리도 치료해 드리고 싶은데…….'

나는 사람들의 유전 고민을 해결해 줄 수 있는 유전학자가 되면 좋겠다고 생각했다.

"다녀왔습니다."

"어서 오렴."

집에 돌아오자 엄마가 나를 반갑게 맞이했다.

"유정아, 기쁜 소식이 있어. 아침에 까치가 울더니 정말 좋은 소식을 가져다주는구나. 아빠가 이제 서울에 있는 회사로 출근하게 되셨대. 그래서 우리도 다시 서울로 이사 가게 되었단다. 일주일 뒤야."

엄마가 내 손을 붙잡고 말했다. 하지만 나는 머릿속이 복잡해졌다.

"왜 그래? 기쁘지 않아? 너 여기 도착할 때부터 서울로 돌아가고 싶어 했잖아."

내 시큰둥한 반응에 엄마가 의아해하며 말했다.

"아, 그냥요."

나는 밥도 먹지 않고 얼른 방으로 들어가 이불을 폈다. 엄마는 나를 잠깐 살피더니 부엌으로 나갔다. 자리에 눕자 그동안 섬에서 있었던 일들이 머릿속에 하나둘 스쳐 지나갔다.

일주일 뒤에 서울로 가게 됐어.

'난 이제 이 섬과 친구들이 좋은데, 바보 같은 까치는 내 마음도 모르고……'

빠르게 일주일이 지나고 서울로 떠나는 날이 밝았다. 배를 타러 가는 길에 석이와 혁이가 뒤따라오는 것이 보였다. 나는 처음에 석이를 만났던 날이 생각나 눈물이 핑 돌았다. 부두에 마을 사람들이 거의 다 나와 있었다. 하지만 아무리 둘러보아도 종아의 모습은 보이지 않았다. 내가 갑자기 떠난다는 소식에 종아는 마음이 많이 상한 모양이다.

"유정아, 가서도 꼭 편지하고 지인도에서 보낸 시간 잊지 말거라."

캡모자 쌤이 내 머리를 쓰다듬으며 인사했다.

"네, 꼭 연락할게요. 석아, 혁아, 잘 있어. 이장님도 안녕히 계세요."

"유정아, 이제 배에 타자."

엄마와 함께 배에 올라타자 마을 사람들이 손을 흔들어 주었다. 배가 출발하자 눈물이 왈칵 쏟아졌다. 나는 누가 볼까 봐 몸을 숨기고 눈물을 훔쳤다.

"유정아!"

그때 지인도 쪽에서 종아의 목소리가 들렸다. 나는 얼른 몸을 돌려서 지인도를 바라봤다. 저 멀리 언덕에서 종아가 뛰어 내려오는 것이 보였다. 할 말이 많았지만 자꾸 눈물이 흘러서 말이 잘 나오지 않았다. 종아가 부두 끝에 서서 손을 크게 흔들었다.

"우리 꼭 다시 만나자!"

종아의 씩씩한 목소리가 파도 소리에 묻혔다.

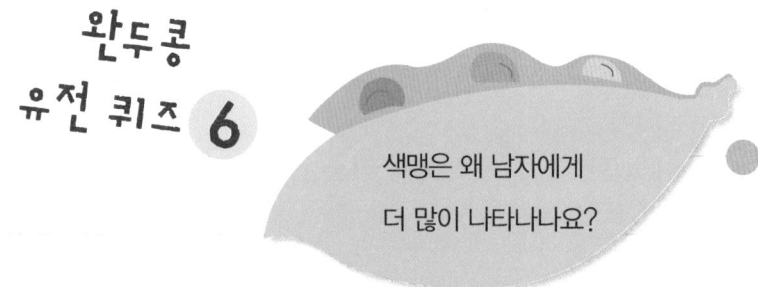

완두콩 유전 퀴즈 6

색맹은 왜 남자에게 더 많이 나타나나요?

확률로 유전의 비밀을 풀어라!

지인도의 추억

학교를 마치는 종이 울리자 각 반에서 아이들이 복도로 밀려 나왔다.

"야, 밀지 마!"

"누가 밀었다고 그래?"

"어휴, 짜증 나. 얼른 집에 가서 학원 숙제 해야 하는데."

복도로 나오던 아이들이 서로 먼저 나가겠다며 밀고 밀치다가 말 싸움이 벌어졌나 보다. 이곳의 아이들은 모두 저마다 바쁘게 지낸 다. 커다란 운동장에 놀이기구들이 있지만 학교가 끝났다고 해서 노는 아이들은 거의 없다. 나는 아직 전학 온 지 얼마 되지 않아서 학교만 다니고 있지만, 조만간 나도 다른 아이들처럼 학원에 다니 게 될 것이다. 그러면 이렇게 혼자 생각할 시간도 부족해질 것이다.

"학교 다녀왔습니다."

"어서 오렴. 간식 챙겨 놨으니까 손 씻고 먹어. 엄마 나갔다 올게."

서울로 이사 온 다음 엄마도 바빠졌다. 주변에 온통 바쁜 사람들 뿐인 것 같다.

"참, 반가운 편지가 왔더라! 책상 위에 올려놨으니까 보렴."

"편지요?"

얼른 방으로 들어와 책 상 위를 보았다. 하얀 편 지 봉투에 'From 종아'라 고 쓴 예쁜 글씨가 눈에 들어왔다.

와! 종아가 보냈네!

'아, 종아가 보낸 편지구나.'

편지 봉투만 봐도 지인도에서 있었던 일들이 떠올랐다. 나는 귀중한 보물 상자를 열듯 종아의 편 지를 조심스레 뜯었다.

유정아! 안녕

나 종아야. 서울로 전학 갔다고 벌써 잊은 건 아니겠지? 네가

이사 가던 날 빨리 나가 보지 못해서 미안해. 사실은 나 아침 일

확률로 유전의 비밀을 풀어라!

적부터 뒷산에 올라가서 네가 나오는 것부터 마을 사람들하고 인사하는 모습까지 다 보고 있었어. 네가 이사 간다는 말에 너무 서운해서, 떠나는 널 보면 계속 울 것 같아서 가 보지 못했던 거야. 이해해 줄 수 있지?

네가 섬을 떠나고 나서 마을에 많은 변화가 일어나기 시작했어. 어떤 일인지 궁금하지? 내가 찍은 사진을 보내니까 편지랑 같이 보면 좋을 거야.

먼저 첫 번째로 내 남동생을 소개할게. 귀엽긴 한데 얼마나 울어 대는지 할머니랑 엄마가 정말 고생하셔. 그래서 요즘 할머니는 착한 우리 손녀들 키울 때가 좋았다고 하셔. 아, 지난번에 내동생이 색맹인지 아닌지 알아보기 위해서 우리가 가계도 그렸던 거 생각나? 그때 내 동생이 색맹일 확률이 50퍼센트였잖아. 할머니께 그 말씀을 드렸더니, 50퍼센트의 확률은 동전던지기의 확률과 같다고 말씀하셨어. 동전을 던지고 O, X를 그려가며 설명해 주시는 할머니를 보니까, 수학 얘기만 나오면 눈이 반짝 반짝해지던 네 모습이 떠오르더라. 우리 가족들은 모두 남동생

이 색맹이 아니길 바라고 있어. 나중에 좀 더 크면 우리가 만들었던 색맹 검사지로 확인해 보려고.

두 번째 소식은 뭐게? 하하, 놀라지 마. 캡모자 쌤이 드디어 모자를 벗으셨어. 그렇다고 대머리로 다니는 것은 아니고 가발을 쓰고 다니시지. 근데 캡모자 쌤은 가발을 써도 뭔가 독특하시지 않니? 크크. 지금도 여전히 개구리 알을 채집하거나 밖에서 수업하는 걸 좋아하셔. 아! 잘 넘어지시는 것은 그때나 지금이나 마찬가지고.

마지막 사진도 봤니? 멋지지? 지난주에 마을 사람들이 모두 모여서 집과 담벼락에 페인트칠을 했어. 예쁜 벽화도 그리고 알록달록한 무늬도 칠했지. 이장님께서 자라나는 어린이들에게

확률로 유전의 비밀을 풀어라!

화사한 마을을 보여 주자고 강력하게 말씀하셔서 마을을 꾸미게 됐단다. 나하고 석이, 혁이도 어른들을 도와 열심히 꾸몄으니까, 꼭 놀러 와서 예뻐진 지인도를 구경하길 바라. 너하고 함께 학교에 가고 놀러 다니던 그때가 참 그립다. 보고 싶다, 친구야!

지인도에서 종아 씀.

★ 추신
우리 과수원에서 맛있는 사과나무끼리 교배했던 거 생각나? 그 사과가 아주 빨갛게 잘 익었어. 분명 맛있을 거야. 네 건 건드리지 않고 아직 그대로 뒀으니까 꼭 와서 맛보면 좋겠다.

편지를 읽으니 캡모자 쌤과 종아, 그리고 석이, 혁이 형제와 함께 유전과 확률에 대해 공부했던 지난 시간이 떠올랐다. 나는 이번 주말에 지인도에 가기 위해 곧장 짐을 싸기 시작했다.

완두콩 유전 퀴즈 정답

퀴즈 1

정답 : 어떤 사건이 일어날 수 있는 경우의 가짓수를 경우의 수라고 합니다. 여러 사건이 동시에 일어날 때는, 각 사건의 경우의 수를 곱한 값으로 전체 경우의 수를 구할 수 있습니다. 다섯 가지 눈, 세 가지 코, 두 가지 입 모양으로, 5×3×2=30, 모두 30가지 얼굴을 만들 수 있습니다.

퀴즈 2

정답 : 여자의 성염색체는 XX, 남자의 성염색체는 XY입니다. 자손에게는 쌍으로 된 염색체 중 각각 1개씩만 전해집니다. 엄마에게서 받는 염색체는 X로 고정되어 있으므로, 아빠에게서 X염색체가 전해지면 딸(성염색체 XX)이 되고 Y염색체가 전해지면 아들(성염색체 XY)이 됩니다.

퀴즈 3

정답 : 한 개의 구슬을 뽑을 때 100개 중 1개가 당첨인 경우의 당첨 확률은 $\frac{1}{100}$이고, 1000개 중 1개가 당첨인 경우의 당첨 확률은 $\frac{1}{1000}$입니다. $\frac{1}{100}$이 $\frac{1}{1000}$보다 크므로 100개 중 1개가 당첨인 경우에서 뽑는 것이 유리합니다.

확률로 유전의 비밀을 풀어라!

정답 : GMO(Genetically Modified Organism)는 유전자 재조합 농산물입니다. 유전자 재조합이란 필요한 유전자를 인위적으로 분리, 결합하여 원하는 형질의 유전자를 만드는 기술입니다. GMO가 인체에 어떤 영향을 미치는지는 검증된 바가 없어 섭취에 대해 논란이 있습니다.

정답 : 혈액형 유전자도 엄마와 아빠의 유전자 쌍 중 각각 1개의 유전자만 전해집니다. AB형인 엄마는 A유전자와 B유전자 중의 하나를 전할 수 있고, O형인 아빠는 O유전자만 전할 수 있습니다. 자녀의 혈액형 유전자가 AO로 조합되면 A형이 되고, BO로 조합되면 B형이 됩니다.

정답 : 색맹 유전자는 성염색체 중 X염색체에 위치하며, 정상 유전자가 우성, 색맹 유전자가 열성입니다. 여자(성염색체 XX)는 두 개의 X염색체에 모두 색맹 유전자가 있어야만(성염색체 ⓧⓧ) 색맹입니다. 반면 남자(성염색체 XY)는 색맹 유전자를 하나만 지녀도(성염색체 ⓧY) 100퍼센트 색맹이 됩니다.

새로운 수학·과학 교육의 패러다임

"지구는 둥근 모양이야!"라고 말한다면 배운 것을 잘 이야기할 수 있는 학생입니다.

"지구가 둥글다는 것을 어떻게 알게 되었나요?"라고 질문한다면, 그리고 그 답을 스스로 생각해 보고 궁금증에 대한 흥미를 느낀다면 생활 주변에서 배우고 성장할 수 있는 학생입니다.

미래 사회는 감성과 창의성으로 학문의 경계를 넘나드는 융합형 인재를 필요로 합니다. 단순한 지식을 주입하지 않고 '왜?'라고 스스로 묻고 찾아볼 수 있어야 합니다.

미국, 영국, 일본, 핀란드를 비롯해 많은 선진 국가에서 수학과 과학 융합 교육에 힘쓰고 있습니다. 우리나라에서도 창의 융합형 과학 기술 인재 양성을 위해 교육부에서 융합인재교육(STEAM) 정책을 추진하고 있습니다.

융합인재교육(STEAM)은 과학(Science), 기술(Technology), 공학(Engineering), 예술(Arts), 수학(Mathematics)을 실생활에서 자연스럽게 융합하도록 가르칩니다.

〈수학으로 통하는 과학〉 시리즈는 융합인재교육(STEAM) 정책에 맞추어, 수학·과학에 대해 학생들이 흥미를 갖고 능동적으로 참여하며 스스로 문제를 정의하고 해결할 수 있도록 도와주고 있습니다.

스스로 깨우치는 교육! 과학에 대한 흥미와 이해를 높여 예술 등 타 분야를 연계하여 공부하고 이를 실생활에서 직접 활용할 수 있도록 하는 것이 진정한 살아있는 교육일 것입니다.

5 수학으로 통하는 과학

확률로 유전의 비밀을 풀어라!

ⓒ 2014 글 강호진

초판 1쇄 발행일 2014년 3월 3일
초판 6쇄 발행일 2022년 1월 12일

지은이 강호진
그린이 최은영
펴낸이 정은영

펴낸곳 |주|자음과모음
출판등록 2001년 11월 28일 제2001-000259호
주소 10881 경기도 파주시 회동길 325-20
전화 편집부 (02)324-2347, 경영지원부 (02)325-6047
팩스 편집부 (02)324-2348, 경영지원부 (02)2648-1311
이메일 jamoteen@jamobook.com

ISBN 978-89-544-3055-5(44400)
        978-89-544-2826-2(set)

사진 저작권
72쪽   ⓒ 신수의 여행일기
103쪽   ⓒⓘCan H.
122쪽   ⓒⓘⓞSteffen Dietzel